城市公共设施造价指标案例
——海绵城市建设工程

住房和城乡建设部标准定额研究所
上海市政工程设计研究总院（集团）有限公司 主编

中国计划出版社

北　京

图书在版编目（CIP）数据

城市公共设施造价指标案例：海绵城市建设工程 / 住房和城乡建设部标准定额研究所，上海市政工程设计研究总院（集团）有限公司主编. -- 北京：中国计划出版社，2021.12

ISBN 978-7-5182-1323-8

Ⅰ. ①城… Ⅱ. ①住… ②上… Ⅲ. ①市政工程－工程造价－案例－中国 Ⅳ. ①TU723.3

中国版本图书馆CIP数据核字(2021)第158005号

责任编辑：陈　飞　　　　　封面设计：孙　宇
责任校对：杨奇志　谭佳艺　　责任印制：李　晨

中国计划出版社出版发行

网址：www.jhpress.com

地址：北京市西城区木樨地北里甲 11 号国宏大厦 C 座 3 层

邮政编码：100038　电话：（010）63906433（发行部）

北京天宇星印刷厂印刷

787mm×1092mm　1 /16　6.5 印张　156 千字

2021 年 12 月第 1 版　2021 年 12 月第 1 次印刷

定价：45.00 元

编 制 说 明

　　海绵城市建设是近年来我国大力倡导的一种新型建设理念，是实现生态环境保护与修复、城市建设和谐发展的新时代中国城市建设的重要内容。2015 年发布的《国务院办公厅关于推进海绵城市建设的指导意见》(国办发〔2015〕75 号)，旨在修复城市水生态、涵养水资源，增强城市防涝能力，扩大公共产品有效投资，提高新型城镇化质量，促进人与自然和谐发展。为了进一步总结各城市建设过程中的造价经验，编制组收集了海绵城市建设案例，分析、归纳、总结了技术经济指标，可作为海绵城市建设项目建议书和项目可行性研究报告投资估算的参考，也可用于技术方案的比较分析。

　　不同于房屋建筑的面积指标或者水厂的处理规模指标，海绵城市工程的技术经济指标应基于其建设特点，满足前期各方人员对项目进行快速经济分析的要求。海绵城市工程基于低影响开发技术(Low Impact Development，简称 LID)，该技术的基本组成单元为一个个较为独立的低影响开发设施，包括绿色屋顶、下沉式绿地、透水沥青混凝土、雨水湿地等，这些单项设施构成了海绵城市的渗透、储存、调节、转输、截污净化功能，因此基于《海绵城市建设技术指南——低影响开发雨水系统构建(试行)》的技术规范要求，海绵城市工程的技术经济指标以主要处理设施的形式体现，本书中指标的统计具体表现在以下几个方面：

　　1. 本书通过收集、筛选、整理全国各地海绵城市建设工程，基于初步设计阶段，根据不同海绵城市建设项目特点，对有关技术经济指标进行汇总、归纳和总结。

　　2. 本书中案例的汇总统计包括工程概况及项目特征、主要工程量及造价指标汇总、主要海绵设施分项指标等，部分案例还提供了海绵设施图纸。案例中不仅反映项目的工程费用，同时列出主要海绵设施的分项指标。

　　3. 本书中案例的工程概况及项目特征表包括工程名称、建设地点、建设类型、价格取定日期、工程费用、主要建设内容等；主要工程量及造价指标汇总表是从工程设计概算汇总表中归纳、分析得到技术经济指标，客观反映该项目的造价水平；主要海绵设施分项指标表是以分项指标的形式体现主要海绵设施的造价水平，指标包括了人工费、材料费、机械费及综合费用，综合费用包括企业管理费、利润、措施费、规费及增值税等，并且列出了主要工料消耗量及单价，单价为不含税价格。

　　4. 使用本书时，可按指标工程量及工程所在地当时市场价格调整造价指标。

目　　录

1 ××大学海绵化提升工程 ……………………………………………（ 1 ）

2 ××道路及两侧绿化带海绵化改造工程 …………………………（ 7 ）

3 ××园区雨水排放口生态化治理工程 ……………………………（13）

4 ××园区道路海绵化改造一期工程 ………………………………（20）

5 ××学院海绵化提升工程 …………………………………………（25）

6 ××湖黑臭水体治理工程（一）…………………………………（29）

7 ××湖黑臭水体治理工程（二）…………………………………（34）

8 ××黑臭水体整治工程 ……………………………………………（39）

9 ××小区海绵城市改造工程（一）………………………………（43）

10 ××小区海绵城市改造工程（二）………………………………（48）

11 ××小区海绵城市改造工程（三）………………………………（54）

12 ××小区海绵城市改造工程（四）………………………………（59）

13 ××小区海绵城市改造工程（五）………………………………（64）

14 ××小区海绵城市改造工程（六）………………………………（67）

15 ××小区海绵城市改造工程（七）………………………………（71）

16 ××小区海绵城市改造工程（八）………………………………（78）

17 ××水系下游段河道公园建设及末端治理工程 …………………（82）

18 ××市中心城区海绵城市试点 PPP 项目 ………………………（87）

附录　分项指标索引 ……………………………………………………（92）

1 ××大学海绵化提升工程

1.1 工程概况及项目特征

序号	项目名称	内容说明
1	工程名称	××大学海绵化提升工程
2	建设地点	上海市
3	建设类型	校区建筑、道路、广场
4	价格取定日期	2018 年 10 月
5	年径流总量控制率	85%
6	年径流污染控制率	60%
7	总规模（地块面积）	1 069 800m²
8	工程费用	3 166.20 万元
9	总规模指标	29.60 元 /m²
10	主要建设内容	该校区占地约 106.67 万 m²，规划建设面积 58.6 万 m²，改造内容包括校园海绵化提升工程和校园海绵城市示范基地两部分。主要建设内容包括生态停车场、校园海绵化道路

1.2 主要工程量及造价指标汇总

序号	工程或费用名称	工程费用（万元）	占造价比例（%）	技术经济指标		
				单位	数量	单位价值（元）
1	景观，海绵示范建设	2 691.03	84.99			
1.1	绿化苗木	290.96	9.19	m²	34 173	85
1.2	水生植物	240.00	7.58	m²	16 000	150
1.3	硬质铺装	669.26	21.14	m²	14 326	467
1.4	雨水花园	29.96	0.95	m²	490	611
1.5	调蓄净化设施	1.40	0.04			
1.6	透水地坪	377.69	11.93	m²	11 000	343

续表

序号	工程或费用名称	工程费用（万元）	占造价比例（%）	技术经济指标		
				单位	数量	单位价值（元）
1.7	排水工程	210.56	6.65	m	1 679	1 254
1.8	给水工程	108.71	3.43	m	1 934	562
1.9	土方工程	76.65	2.42	m^3	26 640	29
1.10	室外小品	206.72	6.53			
1.11	陶瓷透水砖——人行道	209.22	6.61	m^2	4 873	429
1.12	陶瓷透水砖——车行道	269.90	8.52	m^2	3 862	699
2	海绵达标部分	275.05	8.69			
2.1	排水工程	231.79	7.32	m	405	5 723
2.2	道路修复	43.26	1.37	m^2	1 280	338
3	路面积水修复	100.35	3.17			
3.1	透水地坪	57.89	1.83	m^2	1 686	343
3.2	排水工程	39.88	1.26	m	100	3 988
3.3	土方工程	2.58	0.08	m^3	890	29
4	滨江大道	99.77	3.15			
4.1	透水地坪	71.07	2.24	m^2	2 070	343
4.2	排水工程	25.53	0.81	m	100	2 553
4.3	土方工程	3.17	0.10	m^3	1 093	29
小计		3 166.20	100.00			

1.3　主要海绵设施分项指标

指标编号	1-001	指标名称	生物滞留设施（雨水花园）
项目特征	溢流井两座，雨水花园底部防渗膜一层，碎石（碎砖）50cm 干铺，内部埋设雨水管道与现状雨水管连通，土工布过滤层一层，上部 35cm 改良种植土，顶板绿化覆盖		
工程数量	490m²	分项指标	611.41 元 /m²

续表

工程费用（元）			299 591.62	
其中	人工费（元）		19 465.27	
	材料费（元）		232 316.28	
	机械费（元）		294.05	
	综合费用（元）		47 516.02	

主要工料消耗量及单价

项目	规格	单位	数量	单价（元）
综合人工	市政	工日	131.44	140.00
黄砂	中粗	t	90.99	147.57
碎石	5～25mm	t	161.70	133.98
碎砖		t	165.42	53.80
改良专用介质土		m³	176.00	141.03
覆膜膨润土防水毯		m²	897.60	48.64
土工布过滤层		m²	647.70	5.38
植被	综合	m²	490.00	200.00

指标编号	1-002	指标名称	透水地坪（混凝土地坪）	
项目特征	22cm 碎石底基层，22cm 现浇透水水泥混凝土面层			
工程数量	11 000m²	分项指标	343.35 元 /m²	
工程费用（元）			3 776 863.42	
其中	人工费（元）		501 301.90	
	材料费（元）		2 312 196.70	
	机械费（元）		182 927.80	
	综合费用（元）		780 437.02	

主要工料消耗量及单价

项目	规格	单位	数量	单价（元）
综合人工	市政	工日	3 580.73	140.00
水泥	52.5 级	t	915.68	524.00

续表

<table>
<tr><th colspan="5">主要工料消耗量及单价</th></tr>
<tr><th>项目</th><th>规格</th><th>单位</th><th>数量</th><th>单价（元）</th></tr>
<tr><td>碎石</td><td>5～15mm</td><td>t</td><td>577.19</td><td>132.04</td></tr>
<tr><td>碎石</td><td>5～25mm</td><td>t</td><td>1 001.88</td><td>133.98</td></tr>
<tr><td>碎石</td><td>精加工玄武岩
5～10mm</td><td>t</td><td>469.40</td><td>216.00</td></tr>
<tr><td>道碴</td><td>50～70mm</td><td>t</td><td>3 509.00</td><td>98.06</td></tr>
<tr><td>氟碳保护剂</td><td></td><td>kg</td><td>3 300.00</td><td>32.51</td></tr>
<tr><td>涤纶针刺土工布</td><td></td><td>m²</td><td>2 200.00</td><td>10.18</td></tr>
</table>

<table>
<tr><td>指标编号</td><td>1-003</td><td>指标名称</td><td colspan="2">陶瓷透水砖（人行道）</td></tr>
<tr><td>项目特征</td><td colspan="4">12cm砂碎石基础层，面层为陶瓷透水砖</td></tr>
<tr><td>工程数量</td><td>4 873m²</td><td>分项指标</td><td colspan="2">429.34 元 /m²</td></tr>
<tr><td colspan="3">工程费用（元）</td><td colspan="2">2 092 187.48</td></tr>
<tr><td rowspan="4">其中</td><td colspan="2">人工费（元）</td><td colspan="2">325 734.71</td></tr>
<tr><td colspan="2">材料费（元）</td><td colspan="2">1 264 514.26</td></tr>
<tr><td colspan="2">机械费（元）</td><td colspan="2">6 703.30</td></tr>
<tr><td colspan="2">综合费用（元）</td><td colspan="2">495 235.21</td></tr>
<tr><td colspan="5">主要工料消耗量及单价</td></tr>
<tr><td>项目</td><td>规格</td><td>单位</td><td>数量</td><td>单价（元）</td></tr>
<tr><td>综合人工</td><td>市政</td><td>工日</td><td>2 302.71</td><td>140.00</td></tr>
<tr><td>无纺布</td><td></td><td>m²</td><td>5 189.75</td><td>2.48</td></tr>
<tr><td>水泥</td><td>32.5 级</td><td>t</td><td>26.38</td><td>392.00</td></tr>
<tr><td>黄砂</td><td>中粗</td><td>t</td><td>637.83</td><td>147.57</td></tr>
<tr><td>碎石</td><td>5～40mm</td><td>t</td><td>526.28</td><td>132.04</td></tr>
<tr><td>GGTC 陶瓷透水砖（板）</td><td>300×150×55</td><td>m²</td><td>4 921.73</td><td>207.51</td></tr>
</table>

指标编号	1-004	指标名称	陶瓷透水砖（车行道）
项目特征	18cm 砂碎石垫层，10cm 水泥混凝土基础，面层为陶瓷透水砖		
工程数量	3 861m²	分项指标	699.03 元 /m²
工程费用（元）			2 698 965.74
其中	人工费（元）		471 262.85
	材料费（元）		1 538 400.01
	机械费（元）		6 480.30
	综合费用（元）		682 822.58
主要工料消耗量及单价			

项目	规格	单位	数量	单价（元）
综合人工	市政	工日	3 330.95	140.00
无纺布		m²	4 111.97	2.48
水泥	32.5 级	t	20.90	392.00
黄砂	中粗	t	748.61	147.57
碎石	5 ~ 40mm	t	625.48	132.04
预拌混凝土	C20	m³	411.58	560.19
GGTC 陶瓷透水砖（板）	300 × 150 × 55	m²	3 899.61	207.51

指标编号	1-005	指标名称	调蓄净化设施——雨水缓释器
项目特征	雨水缓释器埋地，共两套。底部 30cm 碎石底基层，10cm 中粗砂找平，顶部土工布滤水层一层，陶粒混凝土覆盖		
工程数量	12m²	分项指标	1 163.12 元 /m²
工程费用（元）			13 957.49
其中	人工费（元）		544.90
	材料费（元）		11 501.60
	机械费（元）		8.92
	综合费用（元）		1 902.07

主要工料消耗量及单价				
项目	规格	单位	数量	单价（元）
综合人工	市政	工日	3.62	140.00
黄砂	中粗	t	1.69	147.57
碎石	5 ~ 25mm	t	6.60	133.98
陶粒混凝土	1 400kg/m³	m³	1.63	730.10
碎砖		t	6.75	53.80
硬聚氯乙烯加筋管	PVC-U DN100	m	25.13	15.62
涤纶针刺土工布		m²	19.58	10.18
缓释器		套	2.00	3 800.00
植被		m²	12.00	50.00

1.4 海绵设施图示

透水砖完成图

透水混凝土路面

2 ××道路及两侧绿化带海绵化改造工程

2.1 工程概况及项目特征

序号	项目名称	内容说明
1	工程名称	××道路及两侧绿化带海绵化改造工程
2	建设地点	上海市
3	建设类型	道路、绿化
4	价格取定日期	2018年5月
5	工程费用	1 379.92万元
6	主要建设内容	本工程位于××路,对××路至××大学进行海绵化改造工程,针对主干路两侧绿化带、人行道、非机动车道进行改造

2.2 主要工程量及造价指标汇总

序号	工程或费用名称	工程费用（万元）	占造价比例（%）	技术经济指标		
				单位	数量	单位价值（元）
1	旧人行道拆除	24.02	1.74	m²	5 534	43
2	绿化带改造	366.31	26.55	m²	65 470	56
3	透水人行道铺装	137.80	9.99	m²	3 136	439
4	人行道石材分隔带	7.37	0.53	m²	251	294
5	透水自行车道混凝土	118.64	8.60	m²	3 136	378
6	节点小广场	104.86	7.60	m²	2 386	439
7	2m宽园路	67.99	4.93	m²	1 386	491
8	旱溪、植草沟、下沉式绿地	26.52	1.92	m²	1 529	173
9	侧平石	6.66	0.48	m	553	120
10	北入口绿化带（含LOGO毛石矮景墙）	15.21	1.10	m²	858	177

续表

序号	工程或费用名称	工程费用（万元）	占造价比例（%）	技术经济指标		
				单位	数量	单位价值（元）
11	毛石挡墙	18.96	1.37	m	181	1 048
12	石笼种植池	12.18	0.88	m²	300	406
13	人工湿地	127.85	9.27	m²	4 447	288
14	北侧绿地堆土	24.14	1.75	m³	1 985	122
15	北广场砾石填河	14.38	1.04	m³	374	385
16	雨水收集区	29.23	2.12	m²	491	595
17	条石坐凳	7.10	0.51	m	68	1 044
18	水中汀步	2.53	0.18	m²	14	1 806
19	汀步跌水	7.71	0.56	m²	52	1 472
20	水生植物溢流池	3.50	0.25	m²	20	1 750
21	水生植物组团围挡	5.99	0.43	m³	20	3 000
22	阿基米德取水区	31.49	2.28	m²	565	557
23	景观桥	10.77	0.78	m²	72	1 496
24	其他设施	208.72	15.13			
小计		1 379.92	100.00			

注：因保留小数点后两位数字四舍五入会造成浮点误差。

2.3 主要海绵设施分项指标

指标编号	2-001	指标名称	透水人行道
项目特征		6cm 透水混凝土人行道砖 +3cm 干拌黄砂结合层 + 透水土工布 +10cmC25 混凝土基层 +10cm 级配碎石	
工程数量	3 136m²	分项指标	439.42 元 /m²
工程费用（元）		1 378 007.40	
其中	人工费（元）	99 691.66	
	材料费（元）	1 067 636.18	
	机械费（元）	1 150.42	
	综合费用（元）	209 529.14	

主要工料消耗量及单价				
项目	规格	单位	数量	单价（元）
综合人工	市政	工日	697.20	143.00
黄砂	中粗	t	175.18	166.99
碎石	5～15mm	t	95.18	147.57
碎石	5～25mm	t	543.70	149.52
涤纶针刺土工布		m²	4 477.50	10.49
高强轻载透水砖	厚60mm	m²	3 198.21	120.73
帕米孔透水混凝土	C25 粒径 5～15mm	m³	316.69	1 594.18

指标编号	2-002	指标名称		透水自行车道
项目特征	彩色面罩保护剂+4cmC25淡蓝色透水混凝土面层+11cmC25透水水泥混凝土基层+15cm级配碎石垫层			
工程数量	3 136m²	分项指标		378.31 元/m²
工程费用（元）				1 186 379.10
其中	人工费（元）			99 198.44
	材料费（元）			879 954.57
	机械费（元）			17 967.04
	综合费用（元）			189 259.05
主要工料消耗量及单价				
项目	规格	单位	数量	单价（元）
综合人工	市政	工日	693.67	143.00
白色硅酸盐水泥	P·W 42.5 级	t	11.81	701.00
白色硅酸盐水泥	P·W 52.5 级	t	36.14	760.00
碎石	5～15mm	t	74.79	147.57
碎石	5～25mm	t	129.81	149.52
碎石	精加工玄武岩 5～10mm	t	243.27	272.00
道碴	50～70mm	t	454.65	107.77

续表

主要工料消耗量及单价

项目	规格	单位	数量	单价（元）
氟碳保护剂		kg	940.65	62.09
混凝土表面增强剂	LDA	kg	1 215.03	70.96
涤纶针刺土工布		m²	1 724.53	10.49
帕米孔透水混凝土	C25 粒径 5～15mm	m³	316.69	1 594.18

指标编号	2-003	指标名称	透水小广场
项目特征	6cm 透水混凝土砖 +3cm 干拌黄砂结合层 + 透水土工布 +10cmC25 透水水泥混凝土基层 +10cm 级配碎石		
工程数量	2 386m²	分项指标	439.49 元 /m²
工程费用（元）			1 048 612.86
其中	人工费（元）		75 861.68
	材料费（元）		812 431.81
	机械费（元）		875.42
	综合费用（元）		159 443.95

主要工料消耗量及单价

项目	规格	单位	数量	单价（元）
综合人工	市政	工日	530.55	143.00
黄砂	中粗	t	133.30	166.99
碎石	5～15mm	t	72.43	147.57
碎石	5～25mm	t	413.73	149.52
涤纶针刺土工布		m²	3 407.21	10.49
高强轻载透水砖	厚 60mm	m²	2 433.72	120.73
帕米孔透水混凝土	C25 粒径 5～15mm	m³	240.99	1 594.18

指标编号	2-004	指标名称	石笼种植池
项目特征	石笼挡墙厚30cm，填入直径12～20cm卵石，10cm碎石垫层，10cmC20素混凝土垫层		
工程数量	300m²	分项指标	406.09元/m²
工程费用（元）			121 827.47
其中	人工费（元）		11 094.33
	材料费（元）		90 546.85
	机械费（元）		149.49
	综合费用（元）		20 036.8

主要工料消耗量及单价

项目	规格	单位	数量	单价（元）
综合人工	市政	工日	79.07	140.31
碎石	5～15mm	t	1.72	147.57
碎石	5～25mm	t	2.98	149.52
道碴	50～70mm	t	10.44	107.77
卵石	5～10mm	t	119.34	679.61
涤纶针刺土工布		m²	22.03	10.49
预拌混凝土	C20粒径5～40mm	m³	7.27	569.90

指标编号	2-005	指标名称	水生植物溢流池
项目特征	石笼挡墙高80cm，厚40cm，填入内径12～20cm的卵石，内置排水槽，15cmC20素混凝土层，15cm碎石垫层		
工程数量	20m²	分项指标	1 750.20元/m²
工程费用（元）			35 004.01
其中	人工费（元）		5 399.04
	材料费（元）		20 663.28
	机械费（元）		1 717.98
	综合费用（元）		7 223.71

续表

主要工料消耗量及单价				
项目	规格	单位	数量	单价（元）
综合人工	市政	工日	38.14	141.56
碎石	5～15mm	t	1.17	147.57
碎石	5～25mm	t	2.03	149.52
道碴	50～70mm	t	7.13	107.77
卵石	5～10mm	t	24.51	679.61
预拌混凝土	C20 粒径 5～40mm	m³	3.31	569.90

3 ××园区雨水排放口生态化治理工程

3.1 工程概况及项目特征

序号	项目名称	内容说明
1	工程名称	××园区雨水排放口生态化治理工程
2	建设地点	上海市
3	建设类型	城市水系
4	价格取定日期	2018年7月
5	工程费用	2 868.39万元
6	主要建设内容	本工程为××园区雨水排放口生态化治理项目，建设内容包括1# ~ 8#共8个人工湿地、调蓄池、提升泵站、截留管道等

3.2 主要工程量及造价指标汇总

序号	工程或费用名称	工程费用（万元）	占造价比例（%）	技术经济指标		
				单位	数量	单位价值（元）
1	1# ~ 8#人工湿地	2 238.43	78.04			
1.1	潜流人工湿地	692.40	24.14			
1.1.1	土方工程	92.39	3.22	m³	9 905.28	93
1.1.2	沸石（φ10 ~ φ30）	264.96	9.24	m³	3 532.80	750
1.1.3	透水土工布	61.53	2.15	m²	18 240	34
1.1.4	种植土	29.99	1.05	m³	2 119.68	141
1.1.5	石笼	54.27	1.89	m³	675.84	803
1.1.6	花叶美人蕉（株高50 ~ 70cm，9株/m²）	120.72	4.21	株	57 600	21
1.1.7	梭鱼草（株高50 ~ 70cm，9株/m²）	28.87	1.01	株	57 600	5
1.1.8	黄花鸢尾（株高50 ~ 70cm，9株/m²）	39.67	1.38	株	57 600	7

续表

序号	工程或费用名称	工程费用（万元）	占造价比例（%）	技术经济指标		
				单位	数量	单位价值（元）
1.2	调蓄池（18m×8m×1m）	744.34	25.95			
1.2.1	土方工程	35.01	1.22	m³	3 610	97
1.2.2	调蓄池主体结构	242.28	8.45	m³	1 152	2 103
1.2.3	调蓄池配套PP蓄水模块	450.56	15.71	座	8	563 200
1.2.4	调蓄池池顶绿化	16.49	0.57	m²	2 419	68
1.3	截流井	78.80	2.75			
1.3.1	1#截流井主体	17.89	0.62	座	1	178 900
1.3.2	2#截流井主体	18.72	0.65	座	1	187 200
1.3.3	3#截流井主体	18.04	0.63	座	1	180 400
1.3.4	4#截流井主体	12.14	0.42	座	1	121 400
1.3.5	5#截流井主体	12.01	0.42	座	1	120 100
1.4	一体化泵站	600.23	20.93			
1.4.1	1#一体化泵站土方工程	24.78	0.86	座	1	247 800
1.4.2	1#一体化泵站设备	102.30	3.57	台	1	1 023 000
1.4.3	2#一体化泵站土方工程	26.04	0.91	座	1	260 400
1.4.4	2#一体化泵站设备	107.30	3.74	台	1	1 073 000
1.4.5	3#一体化泵站土方工程	25.25	0.88	座	1	252 500
1.4.6	3#一体化泵站设备	103.20	3.60	台	1	1 032 000
1.4.7	4#一体化泵站土方工程	18.33	0.64	座	1	183 300
1.4.8	4#一体化泵站设备	72.60	2.53	台	1	726 000
1.4.9	5#一体化泵站土方工程	18.12	0.63	座	1	181 200
1.4.10	5#一体化泵站设备	72.30	2.52	台	1	723 000
1.4.11	一体化泵站电缆	30.00	1.05	项	1	300 000
1.5	旋流分离器	122.66	4.28			
1.5.1	1#~5#旋流分离器基础及土方	1.66	0.06	座	5	3 320

续表

序号	工程或费用名称	工程费用（万元）	占造价比例（%）	技术经济指标		
				单位	数量	单位价值（元）
1.5.2	1# 旋流分离器	25.00	0.87	台	1	250 000
1.5.3	2# 旋流分离器	25.00	0.87	台	1	250 000
1.5.4	3# 旋流分离器	25.00	0.87	台	1	250 000
1.5.5	4# 旋流分离器	23.00	0.80	台	1	230 000
1.5.6	5# 旋流分离器	23.00	0.80	台	1	230 000
2	排管工程	590.36	20.58			
2.1	附属雨水管	314.00	10.95	m	1 251	2 510
2.2	附属排水管	21.53	0.75	m	400	538
2.3	附属排泥管	121.05	4.22	m	1 136	1 066
2.4	附属阀门井（砖砌）	25.81	0.90	座	80	3 226
2.5	附属检查井（砖砌）	83.56	2.91	座	50	16 712
2.6	附属管配件	24.41	0.85			
3	路面修复	39.60	1.38			
3.1	路面修复	39.60	1.38	m²	720	550
小计		2 868.39	100.00			

3.3　主要海绵设施分项指标

指标编号	3-001	指标名称	潜流人工湿地	
项目特征	每座湿地 30m × 8m，湿地结构层为：透水土工布 + 沸石基质层 0.5m+ 透水土工布，两侧块石挡墙，共 20 座（沸石指标另计）			
工程数量	4 800m²	分项指标	890.51 元 /m²	
工程费用（元）			4 274 430.32	
其中	人工费（元）		565 309.69	
	材料费（元）		1 497 473.87	
	机械费（元）		961 083.58	
	综合费用（元）		1 250 563.18	

续表

主要工料消耗量及单价				
项目	规格	单位	数量	单价（元）
综合人工	市政	工日	3 879.27	145.72
块石	100 ~ 400mm	t	1 263.82	123.97
黄花鸢尾	株高 50 ~ 70cm，9 株 /m²	株	57 600.00	2.50
花叶美人蕉	株高 50 ~ 70cm，9 株 /m²	株	57 600.00	15.13
梭鱼草	株高 50 ~ 70cm，9 株 /m²	株	57 600.00	0.82
预拌混凝土	C20 粒径 5 ~ 40mm	m³	260.63	516.51
涤纶针刺土工布		m²	32 941.44	10.16

指标编号	3-002		指标名称	调蓄池（不含调蓄模块）	
项目特征	每座调蓄池 18m×8m×1m，钢筋混凝土池体，顶部覆盖草坪，指标不含 PP 模块				
工程数量	1 152m³		分项指标	2 550.19 元 /m³	
工程费用（元）				2 937 821.78	
其中	人工费（元）			525 587.89	
	材料费（元）			1 259 250.34	
	机械费（元）			445 085.45	
	综合费用（元）			703 011.22	
主要工料消耗量及单价					
项目	规格		单位	数量	单价（元）
综合人工	市政		工日	3 737.12	140.64
热轧光圆钢筋	（HPB300）$\phi \leqslant 10$		t	4.91	4 088.83
热轧带肋钢筋	（HRB400）$\phi >10$		t	108.59	4 095.73

续表

主要工料消耗量及单价				
项目	规格	单位	数量	单价（元）
池顶回填土		m³	798.34	27.29
预拌混凝土	C20 粒径 5 ~ 40mm	m³	335.39	516.51
预拌混凝土	C25 粒径 5 ~ 40mm	m³	1 016.72	524.76
草坪		m²	2 419	68.00

指标编号	3-003	指标名称	1# 截流井主体工程	
项目特征	平面尺寸为 2.03m×1.78m，埋深 5.21m，截流井及盖板采用 C30 混凝土，C15 混凝土垫层			
工程数量	1 座	分项指标	178 850.44 元 / 座	
工程费用（元）			178 850.44	
其中	人工费（元）		46 487.56	
	材料费（元）		52 131.45	
	机械费（元）		27 091.55	
	综合费用（元）		53 139.88	
主要工料消耗量及单价				
项目	规格	单位	数量	单价（元）
综合人工	市政	工日	331.12	140.39
热轧光圆钢筋	（HPB300）$\phi \leq 10$	t	0.05	4 088.83
热轧带肋钢筋	（HRB400）$\phi >10$	t	0.63	4 095.73
热轧型钢（综合）		t	0.21	3 788.24
热轧型钢（综合）		t	0.49	3 788.24
热轧钢板	中厚板	t	0.09	4 168.27
水泥	42.5 级	t	31.99	480.31
蒸压灰砂砖	240×115×53	千块	1.56	523.45

续表

主要工料消耗量及单价				
项目	规格	单位	数量	单价（元）
大方材		m³	0.23	1 863.30
黄砂	中粗	t	4.81	134.95
拉森钢板桩		t	0.53	5 790.45
拉森钢板桩租赁费		t·d	2 556.05	6.46
预拌抗渗混凝土	C20 粒径 5 ~ 25mm	m³	0.74	525.24
预拌抗渗混凝土	C30 粒径 5 ~ 25mm	m³	6.04	544.66
湿拌砌筑砂浆	WM M10 12h	m³	0.67	384.95
干混砌筑砂浆	DM M15	m³	0.04	389.27

指标编号	3-004	指标名称		人工湿地排管
项目特征		人工湿地进出水管、配水管布置		
工程数量	2 787m	分项指标		2 118.28 元 /m
工程费用（元）				5 903 648.64
其中	人工费（元）			1 526 074.47
	材料费（元）			1 983 701.37
	机械费（元）			664 583.90
	综合费用（元）			1 729 288.90
主要工料消耗量及单价				
项目	规格	单位	数量	单价（元）
综合人工	市政	工日	10 885.08	140.20
热轧型钢（综合）		t	2.43	3 788.24
热轧型钢（综合）		t	5.73	3 788.24
热轧钢板	中厚板	t	1.10	4 168.27
水泥	42.5 级	t	268.54	480.31
大方材		m³	2.92	1 863.30

主要工料消耗量及单价				
项目	规格	单位	数量	单价（元）
HDPE 双壁缠绕管	$DN500$（$8kN/m^2$）	m	39.00	673.11
HDPE 双壁缠绕管	$DN600$（$8kN/m^2$）	m	78.00	843.98
UPVC 加筋管	$\phi\,225 \times 3\,000$	m	197.52	71.07
UPVC 加筋管	$\phi\,300 \times 3\,000$	m	414.14	125.25
UPVC 加筋管	$\phi\,225 \times 6\,000$	m	296.27	64.00
UPVC 加筋管	$\phi\,300 \times 6\,000$	m	621.22	112.76
黄砂	中粗	t	2 024.17	134.95
道碴	50 ~ 70mm	t	10.63	97.09
砾石砂		t	1 134.23	98.06
统一砖		千块	0.31	693.37
蒸压灰砂砖	$240 \times 115 \times 53$	千块	269.19	523.45
拉森钢板桩		t	6.86	5 790.45
拉森钢板桩租赁费		t·d	32 875.20	6.46
铁撑板		t	6.59	5 100.41
铁撑板租赁费		t·d	3 583.03	7.58
铁撑柱		kg	2 306.28	5.59
铁撑柱租赁费		t·d	1 331.33	5.77
预拌混凝土	C20 粒径 5 ~ 20mm	m^3	104.65	518.45
干混砌筑砂浆	DM M10	m^3	116.24	384.95
干混抹灰砂浆	DP M20	m^3	58.52	396.19

4 ××园区道路海绵化改造一期工程

4.1 工程概况及项目特征

序号	项目名称	内容说明
1	工程名称	××园区道路海绵化改造一期工程
2	建设地点	上海市
3	建设类型	道路、绿化
4	价格取定日期	2018年7月
5	工程费用	2 864.15万元
6	主要建设内容	本工程包括××路共四条道路，海绵化改造为部分道路拆除、新建透水铺装、调蓄净化模块设置、生物滞留带等

4.2 主要工程量及造价指标汇总

序号	工程或费用名称	工程费用（万元）	占造价比例（%）	技术经济指标		
				单位	数量	单位价值（元）
1	××路					
1.1	生物滞留带	148.45	5.18	m²	2 321	640
1.2	透水铺装	376.61	13.15	m²	7 200	523
1.3	其他设施	21.74	0.76			
2	××路					
2.1	生物滞留带	129.74	4.53	m²	2 029	639
2.2	透水铺装	266.77	9.31	m²	5 100	523
2.3	其他设施	16.20	0.57			
3	××路					
3.1	调蓄净化模块	257.56	8.99	m³	715	3 602
3.2	侧分带景观提升（原生物滞留带）	119.69	4.18	m²	1 720	696

序号	工程或费用名称	工程费用（万元）	占造价比例（%）	技术经济指标		
				单位	数量	单位价值（元）
3.3	透水铺装	224.92	7.85	m²	4 300	523
3.4	人行道绿化	46.28	1.62	m²	1 935	239
3.5	透水混凝土	234.66	8.19	m²	4 300	546
3.6	其他设施	41.08	1.43			
4	××路					
4.1	人行道多孔纤维棉	235.15	8.21	m²	480	4 899
4.2	侧分带景观提升（原生物滞留带）	132.21	4.62	m²	1 900	696
4.3	透水铺装	196.15	6.85	m²	3 750	523
4.4	雨水花园	4.60	0.16	m²	80	575
4.5	旱溪工程	27.19	0.95	m²	375	725
4.6	人行道盖板沟	9.83	0.34	m	65	1 512
4.7	人行道绿化	136.24	4.76	m²	1 644	829
4.8	透水混凝土	207.37	7.24	m²	3 800	546
4.9	其他设施	31.71	1.11			
小计		2 864.15	100.00			

4.3 主要海绵设施分项指标

指标编号	4-001	指标名称	生物滞留带
项目特征	30cm 改良种植土 + 透水土工布 +30cm 级配碎石 + 透水土工布 + 上部绿化		
工程数量	2 321m²	分项指标	639.59 元 /m²
工程费用（元）			1 484 489.23
其中	人工费（元）		273 763.55
	材料费（元）		514 867.43
	机械费（元）		155 069.02
	综合费用（元）		540 789.23

续表

<table>
<tr><td colspan="5" align="center">主要工料消耗量及单价</td></tr>
<tr><td align="center">项目</td><td align="center">规格</td><td align="center">单位</td><td align="center">数量</td><td align="center">单价（元）</td></tr>
<tr><td align="center">综合人工</td><td></td><td align="center">工日</td><td align="center">1 879.72</td><td align="center">145.64</td></tr>
<tr><td align="center">黄砂（中粗）</td><td></td><td align="center">t</td><td align="center">114.20</td><td align="center">134.95</td></tr>
<tr><td align="center">碎石</td><td align="center">5～25mm</td><td align="center">t</td><td align="center">951.63</td><td align="center">132.04</td></tr>
<tr><td align="center">改良种植土</td><td></td><td align="center">m³</td><td align="center">696.31</td><td align="center">86.21</td></tr>
<tr><td align="center">复合土工布</td><td></td><td align="center">m²</td><td align="center">2 840.96</td><td align="center">21.40</td></tr>
<tr><td align="center">防渗膜</td><td></td><td align="center">m²</td><td align="center">5 681.92</td><td align="center">26.87</td></tr>
<tr><td align="center">千屈菜</td><td align="center">株高 12～20cm</td><td align="center">株</td><td align="center">49 515.00</td><td align="center">1.89</td></tr>
</table>

<table>
<tr><td align="center">指标编号</td><td align="center">4-002</td><td align="center">指标名称</td><td colspan="2" align="center">透水铺装</td></tr>
<tr><td align="center">项目特征</td><td colspan="4">6cm 透水砖 +2cm 中粗砂 +10cm 现浇再生骨料透水水泥混凝土 +10cm 级配碎石</td></tr>
<tr><td align="center">工程数量</td><td align="center">7 200m²</td><td align="center">分项指标</td><td colspan="2" align="center">523.08 元 /m²</td></tr>
<tr><td colspan="3" align="center">工程费用（元）</td><td colspan="2" align="center">3 766 144.67</td></tr>
<tr><td rowspan="4" align="center">其中</td><td colspan="2" align="center">人工费（元）</td><td colspan="2" align="center">526 890.24</td></tr>
<tr><td colspan="2" align="center">材料费（元）</td><td colspan="2" align="center">2 121 747.12</td></tr>
<tr><td colspan="2" align="center">机械费（元）</td><td colspan="2" align="center">320 070.24</td></tr>
<tr><td colspan="2" align="center">综合费用（元）</td><td colspan="2" align="center">797 437.10</td></tr>
<tr><td colspan="5" align="center">主要工料消耗量及单价</td></tr>
<tr><td align="center">项目</td><td align="center">规格</td><td align="center">单位</td><td align="center">数量</td><td align="center">单价（元）</td></tr>
<tr><td align="center">综合人工</td><td></td><td align="center">工日</td><td align="center">3 763.61</td><td align="center">140.00</td></tr>
<tr><td align="center">水泥</td><td align="center">52.5 级</td><td align="center">kg</td><td align="center">273.91</td><td align="center">498.00</td></tr>
<tr><td align="center">黄砂</td><td align="center">中粗</td><td align="center">t</td><td align="center">656.85</td><td align="center">134.95</td></tr>
<tr><td align="center">碎石</td><td align="center">5～15mm</td><td align="center">t</td><td align="center">171.73</td><td align="center">130.10</td></tr>
<tr><td align="center">碎石</td><td align="center">5～25mm</td><td align="center">t</td><td align="center">298.08</td><td align="center">132.04</td></tr>
<tr><td align="center">碎石</td><td align="center">（精加工）
5～10mm</td><td align="center">t</td><td align="center">1 396.56</td><td align="center">134.00</td></tr>
<tr><td align="center">道碴</td><td align="center">50～70mm</td><td align="center">t</td><td align="center">1 044.00</td><td align="center">97.09</td></tr>
<tr><td align="center">氟碳保护剂</td><td></td><td align="center">kg</td><td align="center">2 160.00</td><td align="center">60.28</td></tr>
<tr><td align="center">涤纶针刺土工布</td><td></td><td align="center">m²</td><td align="center">1 440.00</td><td align="center">10.16</td></tr>
<tr><td align="center">高强缝隙互锁透水砖</td><td align="center">厚 60mm</td><td align="center">m²</td><td align="center">7 344.00</td><td align="center">142.22</td></tr>
</table>

指标编号	4-003	指标名称	调蓄净化模块
项目特征	透水土工布＋模块（单个尺寸为1 000×500×500）			
工程数量	715m³	分项指标	3 602.24 元 /m³
工程费用（元）			2 575 599.82
其中	人工费（元）		68 023.67
	材料费（元）		2 073 502.50
	机械费（元）		49 624.58
	综合费用（元）		384 449.10
主要工料消耗量及单价				

项目	规格	单位	数量	单价（元）
综合人工	市政	工日	471.09	144.40
聚乙烯给水管	DN110	m	368.23	65.12
复合土工布		m²	4 436.03	21.40
PP 模块		m³	357.50	2 500.00
无动力缓释器		m³	357.50	1 985.00
无动力缓释器井		个	50.00	7 000.00
防渗膜		m²	1 750.32	26.87

指标编号	4-004	指标名称	雨水花园
项目特征	上部绿化 +30cm 改良种植土 + 透水土工布 +30cm 级配碎石 + 素土夯实			
工程数量	80m²	分项指标	574.44 元 /m²
工程费用（元）			45 955.39
其中	人工费（元）		9 043.23
	材料费（元）		15 936.62
	机械费（元）		5 840.40
	综合费用（元）		15 135.14
主要工料消耗量及单价				

项目	规格	单位	数量	单价（元）
综合人工		工日	62.26	145.25
黄砂	中粗	t	3.94	134.95

续表

主要工料消耗量及单价				
项目	规格	单位	数量	单价（元）
碎石	5～25mm	t	39.36	132.04
改良种植土		m^3	24.00	86.21
复合土工布		m^2	97.92	21.40
防渗膜		m^2	97.92	26.87
千屈菜	株高 12～20cm	株	1 706.00	1.89

指标编号	4-005	指标名称	旱溪工程	
项目特征	20cm 卵石散铺 +15cm 碎石垫层 + 素土夯实，卵石压边 50cm			
工程数量	375m²	分项指标	724.97 元 /m²	
工程费用（元）			271 864.20	
其中	人工费（元）		23 391.75	
	材料费（元）		189 622.51	
	机械费（元）		10 800.00	
	综合费用（元）		48 049.84	
主要工料消耗量及单价				
项目	规格	单位	数量	单价（元）
综合人工		工日	154.99	150.92
碎石	5～25mm	t	92.25	132.04
卵石	5～10mm	t	430.50	377.24
复合土工布		m^2	573.75	21.40

5 ××学院海绵化提升工程

5.1 工程概况及项目特征

序号	项目名称	内容说明
1	工程名称	××学院海绵化提升工程
2	建设地点	上海市
3	建设类型	校区建筑、道路、广场
4	价格取定日期	2019 年 8 月
5	工程费用	1 809.07 万元
6	主要建设内容	本项目对 ×× 学院实施海绵化改造，针对校区特点，建设了自动化较高的自灌式雨水花园，对校园部分绿化及道路进行了海绵化专项设置

5.2 主要工程量及造价指标汇总

序号	工程或费用名称	工程费用（万元）	占造价比例（%）	技术经济指标		
				单位	数量	单位价值（元）
1	海绵工程	592.44	32.75			
1.1	自灌式雨水花园	101.00	5.58			
1.1.1	装配式成品雨水花园	80.00	4.42	m²	400	2 000
1.1.2	水肥一体化滴喷灌自循环系统及控制设备	21.00	1.16	套	2	105 000
1.2	生态多孔纤维棉	47.97	2.65	m³	37	13 000
1.3	环保雨水口	8.25	0.46	座	15	5 500
1.4	电动闸门	7.00	0.39	套	1	70 000
1.5	一体化预制泵站	85.00	4.70	套	1	850 000
1.6	无动力旋流过滤系统	60.00	3.32	套	1	600 000
1.7	无动力水体调蓄装置	25.00	1.38	套	2	125 000
1.8	水生态系统构建	85.60	4.73			

续表

序号	工程或费用名称	工程费用（万元）	占造价比例（%）	技术经济指标		
				单位	数量	单位价值（元）
1.8.1	底质活化改良	1.00	0.06	项	1	10 000
1.8.2	现场清杂与生物清理	0.50	0.03	项	1	5 000
1.8.3	底栖动物构建	3.00	0.17	kg	2 000	15
1.8.4	鱼类（滤食性、杂食性）	1.00	0.06	kg	300	33
1.8.5	水下草坪生态系统构建	58.50	3.23	m²	6 025	97
1.8.6	水质监测和生态系统调节服务	3.60	0.20	人/次	36	1 000
1.8.7	水生态系统维护服务（含生态物种的补充）	18.00	0.99	人/月	36	5 000
1.9	智慧监测系统	54.00	2.98			
1.9.1	声学多普勒点流速仪	30.00	1.66	套	2	150 000
1.9.2	SS 测定仪	24.00	1.33	套	2	120 000
1.10	土建及安装费	100.00	5.53	项	1	1 000 000
1.11	湖底种植土	18.62	1.03	m³	1 862	100
2	排管工程	18.38	1.02			
2.1	HDPE 压力管	12.68	0.71	m	125	1 015
2.2	盖板	4.20	0.23	m	280	150
2.3	检查井	1.50	0.08	座	3	5 000
3	景观工程	553.05	30.57			
3.1	园路及广场	284.75	15.74			
3.2	景观小品及零星	268.30	14.83			
4	景观桥梁	245.79	13.59			
4.1	钢栈桥 1（立体弧形钢结构）	110.25	6.09	m²	150	7 350
4.2	钢栈桥 2（弧形钢结构）	24.96	1.38	m²	32	7 800
4.3	过河路桥（拱洞钢筋混凝土）	65.28	3.61	m²	384	1 700
4.4	驳岸	32.30	1.79	m	323	1 000
4.5	跌水浆砌毛石挡墙	13.00	0.72	m	260	500

续表

序号	工程或费用名称	工程费用（万元）	占造价比例（%）	技术经济指标		
				单位	数量	单位价值（元）
5	绿化工程	352.78	19.50			
5.1	土方工程	105.88	5.85	m³	11 357	93
5.2	绿化	246.90	13.65			
6	照明工程	46.63	2.58	套	951	
小计		1 809.07	100.00			

5.3　主要海绵设施分项指标

指标编号	5-001	指标名称	排管工程	
项目特征	主要内容：HDPE 压力管铺设			
工程数量	125m	分项指标	1 014.59 元 /m	
工程费用（元）	126 823.72			
其中	人工费（元）	29 532.30		
	材料费（元）	50 776.58		
	机械费（元）	12 587.31		
	综合费用（元）	33 927.53		
主要工料消耗量及单价				
项目	规格	单位	数量	单价（元）
综合人工	市政	工日	204.95	144.10
黄砂	中粗	t	83.68	166.99
砾石砂		t	44.25	108.74
道碴	50 ~ 70mm	t	0.50	107.77
蒸压灰砂砖	240 × 115 × 53	1 000 块	0.18	585.22
HDPE 双壁缠绕管	$DN150$（8kN/m²）	m	49.50	133.00
HDPE 双壁缠绕管	$DN300$（8kN/m²）	m	64.35	203.94
HDPE 双壁缠绕管	$DN400$（8kN/m²）	m	9.81	394.57
干混砌筑砂浆	DM M10	m³	0.002 8	585.00
干混抹灰砂浆	DP M15	m³	0.001 0	607.85

5.4 海绵设施图示

预制透水混凝土砖　　　　透水混凝土　　　　预制透水混凝土砖
　（浅灰色）　　　　（灰色、白色间隔）　　（芝麻灰色、芝麻白色）

　　　　草坡驳岸　　　　　　　　　　　　滩石驳岸

6 ××湖黑臭水体治理工程（一）

6.1 工程概况及项目特征

序号	项目名称	内容说明
1	工程名称	××湖黑臭水体治理工程
2	建设地点	安徽省××市
3	建设类型	城市水系
4	价格取定日期	2018年7月
5	工程费用	3 062.35万元
6	主要建设内容	本次改造工程主要采用建设人工湿地、湿塘的形式进行水体改良，并对底泥进行清理

6.2 主要工程量及造价指标汇总

序号	工程或费用名称	工程费用（万元）	占造价比例（%）	技术经济指标		
				单位	数量	单位价值（元）
1	××湖水体整治工程	1 914.77	62.53			
1.1	水质保持、调水	889.45	29.04			
1.1.1	潜流人工湿地	756.71	24.71	m^2	7 000	1 081
1.1.2	表流人工湿地	90.66	2.96	m^2	3 000	302
1.1.3	拆除工程	42.07	1.37	m^3	7 300	58
1.2	截污工程	153.07	5.00	m	60	25 511
1.3	河道底泥清淤	580.29	18.95	m^3	152 708	38
1.4	河道底泥清淤（含现场处置）	291.97	9.53	m^3	60 828	48
2	××湖湿塘	402.43	13.14			
2.1	1# 湿塘	270.94	8.85	m^2	4 000	677
2.2	湿塘泵井	97.36	3.18	座	1	973 627
2.3	湿塘泵井电气	11.26	0.37			

续表

序号	工程或费用名称	工程费用（万元）	占造价比例（%）	技术经济指标		
				单位	数量	单位价值（元）
2.4	湿塘泵井设备	22.86	0.75			
3	××路湿塘	452.40	14.77			
3.1	2# 湿塘	276.58	9.03	m²	1 718	1 610
3.2	3# 湿塘	175.82	5.74	m²	2 070	849
4	××末端调蓄设施	93.10	3.04			
4.1	1# 末端处理设施	44.24	1.44	m²	400	1 106
4.2	2# 末端处理设施	23.60	0.77	m²	210	1 124
4.3	3# 末端处理设施	25.26	0.82	m²	290	871
5	××湖水体整治工程	199.64	6.52			
5.1	河道底泥清淤/脱水处理/面层修复	99.64	3.25	m³	26 222	38
5.2	××湖水生态系统	100.00	3.27	项	1	1 000 000
小计		3 062.35	100.00			

6.3 主要海绵设施分项指标

指标编号	6-001		指标名称	潜流人工湿地
项目特征	总面积 7 000m²，钢筋混凝土结构，床体底部设置防渗土工布，填料主要包括 80cm 沸石，以及 15cm 砂、砾石等，湿地内种植水生植物			
工程数量	7 000m²		分项指标	1 081.01 元 /m²
工程费用（元）				7 567 092.51
其中	人工费（元）			847 545.92
	材料费（元）			5 292 956.65
	机械费（元）			141 073.92
	综合费用（元）			1 285 516.02

续表

主要工料消耗量及单价				
项目	规格	单位	数量	单价（元）
综合人工	市政	工日	13 318.08	68.00
钢筋		t	111.67	3 461.54
水泥	32.5 级	t	25.60	282.05
石灰膏		t	2.56	145.64
中（粗）砂		t	90.61	82.53
砂石		m³	552.15	108.74
沸石		m³	6 635.20	400.00
砾石		m³	451.00	46.22
土工布	250g/m²	m²	12 120.00	10.00
卵石		m³	225.50	120.00
梭鱼草		株	60 750.00	3.50
花叶美人蕉		株	51 750.00	4.00
黄花鸢尾		株	60 750.00	4.50
预拌混凝土	C15	m³	169.83	331.56
预拌混凝土	C20	m³	81.20	336.22
预拌混凝土	C25	m³	28.27	344.96
预拌混凝土	C30	m³	669.34	364.38

指标编号	6-002	指标名称	表流人工湿地	
项目特征	总面积 3 000m²，平面尺寸 125m×24m，外墙高 1.1m，钢筋混凝土结构，填料包括卵石一层，10cm 砂、砾石等，湿地内种植水生植物			
工程数量	3 000m²	分项指标	302.21 元 /m²	
	工程费用（元）		906 640.47	
其中	人工费（元）		202 072.72	
	材料费（元）		461 326.19	
	机械费（元）		47 613.06	
	综合费用（元）		195 628.50	

主要工料消耗量及单价				
项目	规格	单位	数量	单价（元）
综合人工	市政	工日	3 029.37	68.00
钢筋		t	24.73	3 461.54
砂石		m³	103.95	108.74
砾石		m³	220.00	46.22
土工布	250g/m²	m²	9 000.00	10.00
卵石		m³	44.00	120.00
预拌混凝土	C15	m³	31.97	331.56
预拌混凝土	C30	m³	147.80	364.38
水葱		m²	2 750.00	19.47
睡莲		m²	750.00	25.00
荷花		m²	750.00	30.00
芦苇		m²	750.00	15.00

指标编号	6-003		指标名称	湿塘
项目特征	钢筋混凝土池体，外围土堤作为池体挡墙，前置塘石笼分隔，上部种植水生植物			
工程数量	4 000m²		分项指标	677.36 元 /m²
工程费用（元）				2 709 434.13
其中	人工费（元）			550 717.77
	材料费（元）			1 519 410.99
	机械费（元）			97 287.79
	综合费用（元）			542 017.58
主要工料消耗量及单价				
项目	规格	单位	数量	单价（元）
综合工日		工日	8 121.78	68.00
钢筋		t	50.25	3 461.54
中粗砂		m³	997.50	123.80
石笼		m³	111.31	100.00
砾石		m³	205.63	46.22

续表

主要工料消耗量及单价				
项目	规格	单位	数量	单价（元）
膨润土防水毯		m^2	1 338.24	50.00
麻绳		kg	1 228.25	5.89
黏土		m^3	3 732.91	14.56
挺水植物材料费		m^2	1 430.00	150.00
沉水植物材料费		m^2	610.00	200.00
草袋		个	79 090.23	1.71
预拌混凝土	C30	m^3	367.20	364.38

指标编号	6-004	指标名称	1# 末端调蓄设施	
项目特征	钢筋混凝土结构，平面尺寸 3m×133m，池深 2.5m，填料为卵石、砾石，上部种植水生植物			
工程数量	400m²	分项指标	1 105.91 元 /m²	
工程费用（元）			442 361.83	
其中	人工费（元）		70 462.34	
	材料费（元）		263 333.41	
	机械费（元）		20 104.01	
	综合费用（元）		88 462.07	
主要工料消耗量及单价				
项目	规格	单位	数量	单价（元）
综合人工		工日	1 093.70	68.00
钢筋		t	31.02	3 461.54
标准砖	240×115×53	100 块	32.49	27.35
砂石		m^3	102.22	108.74
砾石		m^3	330.00	46.22
卵石		m^3	322.19	120.00
预拌混凝土	C15	m^3	31.44	331.56
预拌混凝土	C30	m^3	176.91	364.38
梭鱼草		株	517.00	3.50
黄菖蒲		株	517.00	3.00
花叶美人蕉		株	517.00	4.00
千屈菜		株	517.00	2.50

7 ××湖黑臭水体治理工程（二）

7.1 工程概况及项目特征

序号	项目名称	内容说明
1	工程名称	××湖黑臭水体治理工程
2	建设地点	安徽省××市
3	建设类型	城市水系
4	价格取定日期	2018 年 7 月
5	工程费用	1 799.64 万元
6	主要建设内容	针对××湖的特点，由于水动力不足和缺少维护导致水体黑臭，本项目末端建设人工湿地，前端加强截流，并对底泥进行清淤，增加水动力推进器等设施

7.2 主要工程量及造价指标汇总

序号	工程或费用名称	工程费用（万元）	占造价比例（%）	技术经济指标		
				单位	数量	单位价值（元）
1	海绵末端设施	670.95	37.28			
1.1	北部表流湿地	60.96	3.39	m^2	1 800	339
1.2	南部表流湿地	73.75	4.10	m^2	1 700	434
1.3	砾石床	8.88	0.49	m^2	250	355
1.4	北部湿塘	300.86	16.72	m^3	5 000	602
1.5	南部湿塘	135.03	7.50	m^3	1 000	1 350
1.6	北部潜流湿地	91.46	5.08	m^2	1 000	915
2	湖体治理工程	197.72	10.99			
2.1	生态沟渠	4.41	0.25	m^2	915	48
2.2	沟渠联通	12.94	0.72	m^2	3 375	38
2.3	循环泵井	77.37	4.30	座	1	773 702
2.4	水力推动器	18.00	1.00	台	3	60 000

续表

序号	工程或费用名称	工程费用（万元）	占造价比例（%）	技术经济指标		
				单位	数量	单位价值（元）
2.5	排口封堵	1.00	0.06	个	2	5 000
3	电气工程	14.63	0.81			
4	清淤工程	916.34	50.92			
4.1	堆岛绿化	324.00	18.00	m²	36 000	90
4.2	袋装土	1.12	0.06	m³	280	40
4.3	底泥清淤及干化	591.22	32.85	m³	137 493	43
小计		1 799.64	100.00			

7.3 主要海绵设施分项指标

指标编号	7-001		指标名称	北部表流湿地	
项目特征	利用现有地形布置表流湿地，钢筋混凝土基础，透水土工布一层，上部种植水生植物				
工程数量	1 800m²		分项指标	338.68 元 /m²	
工程费用（元）				609 623.18	
其中	人工费（元）			95 196.25	
	材料费（元）			359 427.82	
	机械费（元）			43 127.34	
	综合费用（元）			111 871.77	
主要工料消耗量及单价					
项目	规格	单位	数量	单价（元）	
综合人工	市政	工日	1 407.91	68.00	
钢筋		t	8.25	3 461.54	
标准砖	240×115×53	100 块	179.04	27.35	
中（粗）砂		t	19.71	82.53	
砂石		m³	75.87	108.74	
石笼		m³	5.50	100.00	
砾石		m³	5.50	46.22	

续表

主要工料消耗量及单价				
项目	规格	单位	数量	单价（元）
土工布	250g/m²	m²	2 208.00	10.00
黏土		m³	491.45	14.56
矩形堰		m	15.00	1 000.00
通道绿化		m²	410.00	150.00
草袋		个	10 209.08	1.71
预拌混凝土	C20	m³	23.33	336.22
预拌混凝土	C30	m³	59.99	364.38
球阀	DN200	个	5.00	3 300.00

指标编号	7-002	指标名称	砾石床	
项目特征	砾石厚度600mm，砾石内部配置进水管道			
工程数量	250m²	分项指标	355.24元/m²	
	工程费用（元）		88 810.25	
其中	人工费（元）		15 930.37	
	材料费（元）		53 504.79	
	机械费（元）		3 166.01	
	综合费用（元）		16 209.08	
主要工料消耗量及单价				
项目	规格	单位	数量	单价（元）
综合人工	市政	工日	234.27	68.00
钢筋		t	2.17	3 461.54
标准砖	240×115×53	100块	58.53	27.35
中粗砂		m³	55.08	123.80
砂石		m³	21.42	108.74
砾石		m³	128.52	46.22
PE管	DN100	m	10.00	80.00
PE管	DN300	m	5.00	200.00
预拌混凝土	C20	m³	6.59	336.22
预拌混凝土	C30	m³	15.81	364.38

指标编号	7-003	指标名称	北部湿塘
项目特征	调蓄容积 5 000m³，利用现状地形进行布置		
工程数量	5 000m³	分项指标	601.71 元 /m³
工程费用（元）			3 008 550.35
其中	人工费（元）		620 065.26
	材料费（元）		1 536 407.93
	机械费（元）		134 839.63
	综合费用（元）		717 237.53
主要工料消耗量及单价			
项目	规格	单位	数量	单价（元）
综合人工	市政	工日	9 118.61	68.00
钢筋		t	26.09	3 461.54
标准砖	240×115×53	100 块	49.14	27.35
中粗砂		m³	190.91	123.80
石笼		m³	60.12	100.00
砂子		m³	0.13	108.74
砾石		m³	201.04	46.22
麻绳		kg	1 095.26	5.89
黏土		m³	4 768.82	14.56
绿化		m²	3 650.00	180.00
杉木桩	直径 100mm，长度 2.5～3m	根	1 500.00	70.00
水力推动器		个	1.00	60 000.00
栏杆		m	16.72	350.00
草袋		个	72 055.05	1.71
预拌混凝土	C30	m³	190.62	364.38

指标编号	7-004	指标名称	北部潜流湿地
项目特征	\multicolumn{3}{l}{总面积1 000m²，钢筋混凝土结构，床体底部设置防渗土工布，填料主要包括80cm沸石，以及15cm砂、砾石等，湿地内种植水生植物}		
工程数量	1 000m²	分项指标	914.61元/m²

工程费用（元）		914 611.24
其中	人工费（元）	95 218.30
	材料费（元）	629 360.88
	机械费（元）	39 580.34
	综合费用（元）	150 451.72

主要工料消耗量及单价

项目	规格	单位	数量	单价（元）
综合人工	市政	工日	1 449.88	68.00
钢筋		t	14.79	3 461.54
标准砖	240×115×53	100块	100.47	27.35
中（粗）砂		t	11.20	82.53
砂石		m³	72.74	108.74
沸石		m³	836.00	400.00
砾石		m³	126.50	46.22
土工布	250g/m²	m²	1 800.00	10.00
卵石		m³	23.10	120.00
绿化		m²	200.00	100.00
预拌混凝土	C20	m³	22.37	336.22
预拌混凝土	C25	m³	1.97	344.96
预拌混凝土	C30	m³	107.49	364.38

8 ××黑臭水体整治工程

8.1 工程概况及项目特征

序号	项目名称	内容说明
1	工程名称	××黑臭水体整治工程
2	建设地点	安徽省××市
3	建设类型	城市水系
4	价格取定日期	2018年7月
5	工程费用	2 077.46万元
6	主要建设内容	本项目对××片区水系进行整体整治,包括河岸治理、清淤等,建设人工湿地、调节塘等末端设施,种植水生植物持续改善水质

8.2 主要工程量及造价指标汇总

序号	工程或费用名称	工程费用（万元）	占造价比例（%）	技术经济指标		
				单位	数量	单位价值（元）
1	××水体整治工程	588.01	28.30			
1.1	水工工程	583.01	28.06	m	815	7 155
1.1.1	挡墙及护坡	358.08	17.24	m	815	4 395
1.1.2	土方工程	105.90	5.10	m³	24 868	43
1.1.3	草坡绿化	119.03	5.73	m²	14 878	80
1.2	截污工程	5.00	0.24			
1.2.1	现状排口封堵	5.00	0.24	处	5	10 000
2	海绵末端设施	1 008.41	48.54			
2.1	调节塘	503.55	24.24	m³	4 800	1 049
2.2	调节塘配水井	67.33	3.24	座	1	673 321
2.3	潜流人工湿地	408.72	19.67	m²	3 342	1 223
2.4	轴流泵井	23.49	1.13	座	1	234 894

序号	工程或费用名称	工程费用（万元）	占造价比例（%）	技术经济指标		
				单位	数量	单位价值（元）
2.5	电气工程	5.32	0.26			
3	景观工程	101.04	4.86			
3.1	绿化	76.71	3.69	m²	1 750	438
3.2	种植模块	13.44	0.65	个	1 680	80
3.3	沉水植物柔性种植床	10.89	0.52	m²	311	350
4	河道底泥清淤	380.00	18.29	m³	100 000	38
小计		2 077.46	100.00			

8.3 主要海绵设施分项指标

指标编号	8-001		指标名称	调节塘	
项目特征	调蓄容积 4 800m³，随地形不规则布置调节塘，包括前置塘与主塘，两塘之间用土堤分隔，采用配水石笼的方式进行水系连通				
工程数量	4 800m³		分项指标	1 049.06 元 /m³	
	工程费用（元）			5 035 466.04	
其中		人工费（元）		1 093 523.90	
		材料费（元）		2 569 122.78	
		机械费（元）		221 067.11	
		综合费用（元）		1 151 752.25	
主要工料消耗量及单价					
项目	规格	单位	数量	单价（元）	
综合人工	市政	工日	16 578.99	68.00	
钢筋		t	167.87	3 461.54	
片石		m³	7 262.40	47.57	
中粗砂		m³	390.54	123.80	
砂石		m³	1 332.05	108.74	
砾石		m³	910.23	46.22	
防渗膜		m²	2 187.12	25.00	

主要工料消耗量及单价				
项目	规格	单位	数量	单价（元）
土工布	250g/m²	m²	5 929.07	10.00
机织反滤土工布	350g/m²	m²	713.73	15.00
黏土		m³	3 343.08	14.56
格宾石笼挡墙		m³	630.50	500.00
草袋		个	9 055.52	1.71
预拌混凝土	C15	m³	124.31	331.56
预拌混凝土	C30	m³	1 103.90	364.38
拉森钢板桩		t	66.30	6 500.00

指标编号	8-002	指标名称	潜流人工湿地	
项目特征	随地形条件布置潜流人工湿地，湿地底部填料 60cm，上部种植水生植物			
工程数量	3 342m²	分项指标	1 222.98 元 /m²	
工程费用（元）			4 087 195.22	
其中	人工费（元）		491 395.17	
	材料费（元）		2 817 793.70	
	机械费（元）		124 644.67	
	综合费用（元）		653 361.68	
主要工料消耗量及单价				
项目	规格	单位	数量	单价（元）
综合人工	市政	工日	7 226.70	68.00
钢筋		t	79.61	3 461.54
水泥	32.5 级	t	523.51	280.00
标准砖	240×115×53	100 块	601.65	27.35
中（粗）砂		t	172.86	82.53
中粗砂		m³	8.33	123.80
沸石		m³	4 400.00	400.00

续表

主要工料消耗量及单价				
项目	规格	单位	数量	单价（元）
砂石		m^3	397.41	108.74
砾石		m^3	66.00	46.22
聚氯乙烯胶泥		kg	751.68	5.92
石油沥青	$30^\#$	kg	3 010.06	4.27
防水粉		kg	2 569.43	2.56
土工布	$250g/m^2$	m^2	8 856.00	10.00
卵石		m^3	85.80	120.00
梭鱼草		株	7 560.00	3.50
花叶美人蕉		株	7 560.00	4.00
黄花鸢尾		株	7 560.00	4.50
预拌混凝土	C20	m^3	298.47	336.22
预拌混凝土	C30	m^3	578.87	364.38

9　××小区海绵城市改造工程（一）

9.1　工程概况及项目特征

序号	项目名称	内容说明
1	工程名称	××小区海绵城市改造工程
2	建设地点	安徽省××市
3	建设类型	建筑小区
4	价格取定日期	2018年7月
5	年径流总量控制率	70%
6	工程费用	234.95万元
7	主要建设内容	对小区进行海绵化改造，建设雨水花园、植草沟等，并对排水系统等进行改造

9.2　主要工程量及造价指标汇总

序号	工程或费用名称	工程费用（万元）	占造价比例（%）	技术经济指标		
				单位	数量	单位价值（元）
1	雨水花园（防渗）	11.07	4.71	m²	448	247
2	雨水花园（不防渗）	8.03	3.42	m²	725	111
3	绿化	77.03	32.79	m²	1 390	554
4	透水混凝土路面	47.37	20.16	m²	776	610
5	雨落管改造	1.58	0.67	个	79	200
6	盖板沟	10.46	4.45	m	261	401
7	道路修复	17.26	7.35	m²	1 300	133
8	雨水花园溢流井	22.33	9.50	座	42	5 317
9	检查井改造	1.50	0.64	座	5	3 000
10	污水截流井	1.73	0.74	座	9	1 922
11	污水检查井	0.53	0.23	座	1	5 300
12	植草沟	1.17	0.50	m	335	35

序号	工程或费用名称	工程费用（万元）	占造价比例（%）	技术经济指标		
				单位	数量	单位价值（元）
13	雨水连管	13.53	5.76	m	600	226
14	雨水口封堵	12.16	5.18	个	327	372
15	路缘石改造	1.22	0.52	m	500	24
16	砾石带	0.06	0.03	m	70	9
17	绿化修复	7.92	3.37	m²	990	80
小计		234.95	100.00			

9.3 主要海绵设施分项指标

指标编号	9-001	指标名称	雨水花园（防渗）
项目特征	1.2mm 防渗土工布，30cm 砂石排水层，透水土工布，5cm 砂石过滤层，30cm 原土层，上部草坪覆盖		
工程数量	448m²	分项指标	246.99 元 /m²
工程费用（元）			110 650.82
其中	人工费（元）		16 515.92
	材料费（元）		59 131.33
	机械费（元）		11 132.00
	综合费用（元）		23 871.57
主要工料消耗量及单价			

项目	规格	单位	数量	单价（元）
综合人工	市政	工日	242.86	68.00
黄砂		m³	26.21	44.66
砂石		m³	147.84	73.79
土工布	250g/m²	m²	537.60	10.00
防渗膜		m²	537.60	25.00
改良种植土土源费		m³	134.40	80.00
草皮		m²	448.00	12.00
PE 管	DN150	m	225.00	51.89

指标编号	9-002	指标名称	雨水花园（不防渗）
项目特征	透水土工布过滤层，30cm 原土层，上部草坪覆盖		
工程数量	725m²	分项指标	110.78 元 /m²
工程费用（元）			80 315.73

其中	人工费（元）	9 550.00
	材料费（元）	35 053.75
	机械费（元）	15 566.61
	综合费用（元）	20 145.37

主要工料消耗量及单价

项目	规格	单位	数量	单价（元）
综合人工	市政	工日	140.40	68.00
土工布	250g/m²	m²	870.00	10.00
改良种植土土源费		m³	217.50	80.00
草皮		m²	725.00	12.00

指标编号	9-003	指标名称	透水混凝土路面
项目特征	20cm 级配碎石，15cmC30 透水水泥混凝土，5cmC30 彩色透水水泥混凝土		
工程数量	776m²	分项指标	610.44 元 /m²
工程费用（元）			473 702.60

其中	人工费（元）	33 019.13
	材料费（元）	364 541.87
	机械费（元）	9 647.94
	综合费用（元）	66 493.66

主要工料消耗量及单价

项目	规格	单位	数量	单价（元）
综合人工	市政	工日	485.57	68.00
级配碎石		m³	170.72	73.79
彩色透水预拌混凝土	C30	m³	50.44	1 400.00
透水预拌混凝土	C30	m³	158.30	1 200.00

指标编号	9-004	指标名称	雨水花园溢流井
项目特征	钢筋混凝土结构，内径尺寸 ϕ700mm，高 1m		
工程数量	42 座	分项指标	5 316.94 元 / 座
工程费用（元）			223 311.50
其中	人工费（元）		28 351.02
	材料费（元）		114 902.22
	机械费（元）		8 675.39
	综合费用（元）		71 382.87

主要工料消耗量及单价

项目	规格	单位	数量	单价（元）
综合人工	市政	工日	732.00	68.00
钢筋	ϕ10 以内	t	3.86	3 194.01
钢筋	ϕ10 以外	t	9.17	3 211.11
防腐涂料		m^2	417.06	50.00
机砖		千块	14.57	290.60
预拌混凝土	C30	m^3	96.82	325.53
铸铁井盖井座		套	42.00	273.50

指标编号	9-005	指标名称	植草沟
项目特征	转输型植草沟，植草沟 0.3 ~ 0.5m 深，底部种植土换填，铺 10cm 砾石层，雨水溢流井 7 座		
工程数量	335m	分项指标	34.88 元 /m
工程费用（元）			11 684.27
其中	人工费（元）		2 145.97
	材料费（元）		5 748.57
	机械费（元）		1 113.81
	综合费用（元）		2 675.92

续表

主要工料消耗量及单价				
项目	规格	单位	数量	单价（元）
综合人工	市政	工日	31.56	68.00
砾石		m³	14.74	75.73
机砖		千块	2.65	290.60
种植土土源费		m³	6.70	30.00
铸铁雨水井箅		套	7.00	458.97
预拌混凝土	C10	m³	0.96	196.58
水泥砂浆	M10	m³	1.25	122.86

9.4 海绵设施图示

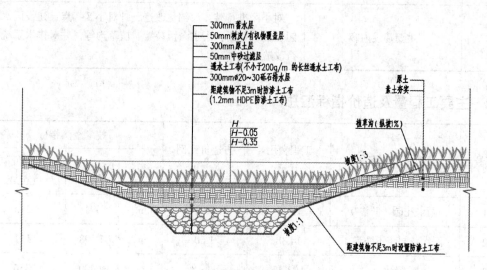

防渗雨水花园

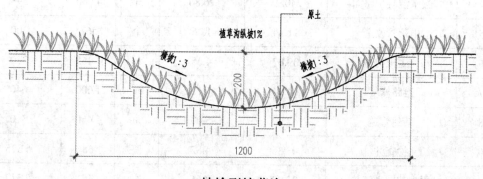

转输型植草沟

10 ××小区海绵城市改造工程（二）

10.1 工程概况及项目特征

序号	项目名称	内容说明
1	工程名称	××小区海绵城市改造工程
2	建设地点	安徽省××市
3	建设类型	建筑小区
4	价格取定日期	2018年7月
5	年径流总量控制率	80%
6	工程费用	899.07万元
7	主要建设内容	对小区进行整体海绵化改造，针对小区特点，建设雨水花园、透水路面、雨水滞留装置、植草沟等，并对排水系统进行改造

10.2 主要工程量及造价指标汇总

序号	工程或费用名称	工程费用（万元）	占造价比例（%）	技术经济指标		
				单位	数量	单位价值（元）
1	雨水花园（防渗）	18.12	2.02	m²	741	245
2	雨水花园（不防渗）	14.38	1.60	m²	1 298	111
3	绿化	103.22	11.48	m²	2 900	356
4	透水混凝土路面	240.95	26.80	m²	4 060	593
5	雨落管改造	11.34	1.26	个	567	200
6	盖板沟	39.07	4.35	m	1 445	270
7	道路修复	64.04	7.12	m²	1 000	640
8	新建管道	44.92	5.00	m	1 450	310
9	检查井	43.35	4.82	座	68	6 375
10	雨水花园溢流井	23.93	2.66	座	45	5 317

续表

序号	工程或费用名称	工程费用（万元）	占造价比例（%）	技术经济指标		
				单位	数量	单位价值（元）
11	蓄滞装置	232.75	25.89	m³	665	3 500
12	水泵	9.20	1.02	台	2	46 000
13	水泵井	0.64	0.07	座	1	6 375
14	污水截流井	3.51	0.39	座	22	1 597
15	植草沟	8.11	0.90	m	1 204	67
16	雨水连管	8.34	0.93	m	370	225
17	雨水口封堵	1.67	0.19	个	45	372
18	路缘石改造	0.52	0.06	m	215	24
19	管道封堵	3.79	0.42	m³	63	600
20	绿化修复	24.24	2.70	m²	3 030	80
21	电气工程	2.90	0.32			
22	工器具购置费	0.08	0.01			
小计		899.07	100.00			

10.3 主要海绵设施分项指标

指标编号	10-001	指标名称	雨水花园（防渗）
项目特征		1.2mm防渗土工布，30cm砂石排水层，透水土工布，5cm砂石过滤层，30cm原土层，上部草坪覆盖	
工程数量	741m²	分项指标	244.50 元/m²
工程费用（元）			181 175.59
其中	人工费（元）		27 124.35
	材料费（元）		96 627.55
	机械费（元）		18 412.18
	综合费用（元）		39 011.51

续表

<table>
<tr><td colspan="5" align="center">主要工料消耗量及单价</td></tr>
<tr><td>项目</td><td>规格</td><td>单位</td><td>数量</td><td>单价（元）</td></tr>
<tr><td>综合人工</td><td>市政</td><td>工日</td><td>398.85</td><td>68.00</td></tr>
<tr><td>黄砂</td><td></td><td>m³</td><td>43.35</td><td>44.66</td></tr>
<tr><td>砂石</td><td></td><td>m³</td><td>244.53</td><td>73.79</td></tr>
<tr><td>土工布</td><td>250g/m²</td><td>m²</td><td>889.20</td><td>10.00</td></tr>
<tr><td>防渗膜</td><td></td><td>m²</td><td>889.20</td><td>25.00</td></tr>
<tr><td>改良种植土土源费</td><td></td><td>m³</td><td>222.30</td><td>80.00</td></tr>
<tr><td>草皮</td><td></td><td>m²</td><td>741.00</td><td>12.00</td></tr>
<tr><td>PE管</td><td>DN150</td><td>m</td><td>350.00</td><td>51.89</td></tr>
</table>

<table>
<tr><td>指标编号</td><td>10-002</td><td>指标名称</td><td colspan="2">雨水花园（不防渗）</td></tr>
<tr><td>项目特征</td><td colspan="4">透水土工布过滤层，30cm 原土层，上部草坪覆盖</td></tr>
<tr><td>工程数量</td><td>1 298m²</td><td>分项指标</td><td colspan="2">110.78 元/m²</td></tr>
<tr><td colspan="3" align="center">工程费用（元）</td><td colspan="2">143 792.86</td></tr>
<tr><td rowspan="4">其中</td><td colspan="2">人工费（元）</td><td colspan="2">17 097.79</td></tr>
<tr><td colspan="2">材料费（元）</td><td colspan="2">62 758.30</td></tr>
<tr><td colspan="2">机械费（元）</td><td colspan="2">27 869.60</td></tr>
<tr><td colspan="2">综合费用（元）</td><td colspan="2">36 067.17</td></tr>
<tr><td colspan="5" align="center">主要工料消耗量及单价</td></tr>
<tr><td>项目</td><td>规格</td><td>单位</td><td>数量</td><td>单价（元）</td></tr>
<tr><td>综合人工</td><td>市政</td><td>工日</td><td>251.37</td><td>68.00</td></tr>
<tr><td>土工布</td><td>250g/m²</td><td>m²</td><td>1 557.60</td><td>10.00</td></tr>
<tr><td>改良种植土土源费</td><td></td><td>m³</td><td>389.40</td><td>80.00</td></tr>
<tr><td>草皮</td><td></td><td>m²</td><td>1 298.00</td><td>12.00</td></tr>
</table>

指标编号	10-003	指标名称	透水混凝土路面
项目特征	20cm 级配碎石垫层，15cmC30 透水水泥混凝土，5cmC30 彩色透水水泥混凝土		
工程数量	4 060m²	分项指标	593.47 元/m²
工程费用（元）			2 409 484.91
其中	人工费（元）		160 182.35
	材料费（元）		1 865 632.92
	机械费（元）		48 927.27
	综合费用（元）		334 742.37
主要工料消耗量及单价			

项目	规格	单位	数量	单价（元）
综合人工	市政	工日	2 355.59	68.00
砂石		m³	893.20	73.79
彩色透水预拌混凝土	C30	m³	263.90	1 400.00
透水预拌混凝土	C30	m³	828.24	1 200.00

指标编号	10-004	指标名称	雨水花园溢流井
项目特征	钢筋混凝土结构，内径尺寸 φ700mm，高 1m		
工程数量	45 座	分项指标	5 316.92 元/座
工程费用（元）			239 261.37
其中	人工费（元）		30 376.09
	材料费（元）		123 108.62
	机械费（元）		9 295.05
	综合费用（元）		76 481.61
主要工料消耗量及单价			

项目	规格	单位	数量	单价（元）
综合人工	市政	工日	784.28	68.00
钢筋	φ10 以内	t	4.13	3 194.01
钢筋	φ10 以外	t	9.83	3 211.11
中砂		t	15.76	33.98
防腐涂料		m²	446.85	50.00
机砖		千块	15.62	290.60
预拌混凝土	C30	m³	103.74	325.53
铸铁井盖井座		套	45.00	273.50
水泥砂浆	M10	m³	10.17	122.86

指标编号	10-005	指标名称	污水截流井
项目特征	钢筋混凝土结构，尺寸 1m×1m×0.6m（长 × 宽 × 高），井内填充 0.4m 砂石过滤层		
工程数量	22 座	分项指标	1 696.95 元 / 座
工程费用（元）			35 132.98
其中	人工费（元）		6 487.88
	材料费（元）		15 575.82
	机械费（元）		896.94
	综合费用（元）		12 172.34
主要工料消耗量及单价			
项目	规格	单位	数量	单价（元）

项目	规格	单位	数量	单价（元）
综合人工	市政	工日	137.89	68.00
砂石		m³	9.68	73.79
塑料管	DN110	m	220.00	19.23
铸铁井盖井座		套	22.00	273.50
预拌混凝土	C10	m³	21.88	196.58

指标编号	10-006	指标名称	植草沟
项目特征	转输型植草沟，植草沟 0.3 ~ 0.5m 深，底部种植土换填，铺 10cm 砾石，雨水溢流井 63 座		
工程数量	1 204m	分项指标	67.37 元 /m
工程费用（元）			81 116.15
其中	人工费（元）		15 288.22
	材料费（元）		44 613.13
	机械费（元）		4 132.51
	综合费用（元）		17 082.29

主要工料消耗量及单价				
项目	规格	单位	数量	单价（元）
综合人工	市政	工日	224.83	68.00
水泥	32.5级	t	3.03	256.41
中砂		t	17.38	33.98
砾石		m³	52.98	75.73
机砖		千块	23.88	290.60
种植土土源费		m³	24.08	30.00
铸铁雨水井箅		套	63.00	458.97
预拌混凝土	C10	m³	8.63	196.58
水泥砂浆	M10	m³	11.21	122.86

11 ××小区海绵城市改造工程（三）

11.1 工程概况及项目特征

序号	项目名称	内容说明
1	工程名称	××小区海绵城市改造工程
2	建设地点	安徽省××市
3	建设类型	建筑小区
4	价格取定日期	2018 年 7 月
5	年径流总量控制率	55%
6	工程费用	106.69 万元
7	主要建设内容	对小区进行整体海绵化改造，针对小区特点，建设雨水花园、水泵井、植草沟等，并对排水系统进行改造

11.2 主要工程量及造价指标汇总

序号	工程或费用名称	工程费用（万元）	占造价比例（%）	技术经济指标		
				单位	数量	单位价值（元）
1	雨水花园（防渗）	0.86	0.80	m²	24	365
2	雨水花园（不防渗）	2.44	2.28	m²	220	111
3	绿化	18.49	17.33	m²	280	660
4	雨落管改造	1.80	1.69	个	90	200
5	盖板沟	10.43	9.78	m	562	186
6	道路修复	7.27	6.81	m²	268	271
7	绿化修复	1.04	0.97	m²	130	80
8	雨水花园溢流井	5.32	4.98	座	10	5 317
9	检查井	15.94	14.94	座	10	15 938
10	水泵	1.84	1.72	台	2	9 200
11	水泵井	0.64	0.60	座	1	6 375
12	污水截流井	2.40	2.25	座	15	1 597

续表

序号	工程或费用名称	工程费用（万元）	占造价比例（%）	技术经济指标		
				单位	数量	单位价值（元）
13	植草沟	2.63	2.46	m	320	82
14	雨污水管道	4.18	3.92	m	150	279
15	雨水口封堵	0.56	0.52	个	15	372
16	雨水管翻排　牵引管	19.58	18.35	m	89	2 200
17	路缘石改造	0.12	0.12	m	51	24
18	散水坡	2.62	2.46	m²	710	37
19	化粪池	0.96	0.90	座	2	4 817
20	花岗岩盖板	4.95	4.64	m	248	200
21	电气工程	2.62	2.46			
22	工器具购置费	0.02	0.02			
小计		106.69	100.00			

11.3　主要海绵设施分项指标

指标编号	11-001	指标名称	雨水花园（防渗）	
项目特征	1.2mm 防渗土工布，30cm 砂石排水层，透水土工布，5cm 砂石过滤层，30cm 原土层，上部草坪覆盖			
工程数量	24m²	分项指标	357.00 元 /m²	
工程费用（元）			8 568.09	
其中	人工费（元）		1 199.58	
	材料费（元）		5 130.62	
	机械费（元）		584.65	
	综合费用（元）		1 653.24	
主要工料消耗量及单价				
项目	规格	单位	数量	单价（元）
综合人工	市政	工日	17.64	68.00
砂石		m³	7.76	73.79
土工布	250g/m²	m²	28.20	10.00

续表

主要工料消耗量及单价				
项目	规格	单位	数量	单价（元）
防渗膜		m^2	28.20	25.00
改良种植土土源费		m^3	7.05	80.00
草皮		m^2	23.50	12.00
PE 管	$DN150$	m	50.00	51.89

指标编号	11-002	指标名称	雨水花园（不防渗）	
项目特征	透水土工布过滤层，30cm 原土层，上部草坪覆盖			
工程数量	$220m^2$	分项指标	110.78 元 /m^2	
工程费用（元）			24 371.68	
其中	人工费（元）		2 897.93	
	材料费（元）		10 637.00	
	机械费（元）		4 723.66	
	综合费用（元）		6 113.09	
主要工料消耗量及单价				
项目	规格	单位	数量	单价（元）
综合人工	市政	工日	42.61	68.00
土工布	$250g/m^2$	m^2	264.00	10.00
改良种植土土源费		m^3	66.00	80.00
草皮		m^2	220.00	12.00

指标编号	11-003	指标名称	雨水花园溢流井	
项目特征	钢筋混凝土结构，内径尺寸 $\phi 700mm$，高 1m			
工程数量	10 座	分项指标	5 316.93	
工程费用（元）			53 169.34	
其中	人工费（元）		6 750.25	
	材料费（元）		27 357.68	
	机械费（元）		2 065.55	
	综合费用（元）		16 995.86	

主要工料消耗量及单价				
项目	规格	单位	数量	单价（元）
综合人工	市政	工日	174.28	68.00
钢筋	ϕ10以内	t	0.92	3 194.01
钢筋	ϕ10以外	t	2.18	3 211.11
中砂		t	3.50	33.98
防腐涂料		m^2	99.30	50.00
机砖		千块	3.47	290.60
预拌混凝土	C30	m^3	23.05	325.53
铸铁井盖井座		套	10.00	273.50
水泥砂浆	M10	m^3	2.26	122.86

指标编号		11-004	指标名称	水泵井	
项目特征		钢筋混凝土结构，内径尺寸ϕ1 000mm			
工程数量		1 座	分项指标	6 375.24 元/座	
工程费用（元）				6 375.24	
其中	人工费（元）			1 004.61	
	材料费（元）			3 245.01	
	机械费（元）			206.55	
	综合费用（元）			1 919.07	
主要工料消耗量及单价					
项目	规格	单位		数量	单价（元）
综合人工	市政	工日		22.28	68.00
钢筋	ϕ10以内	t		0.09	3 194.01
钢筋	ϕ10以外	t		0.22	3 211.11
防腐涂料		m^2		9.93	50.00
机砖		千块		1.38	290.60
预拌混凝土	C30	m^3		1.86	325.53
铸铁井盖井座		套		1.00	273.50

指标编号	11–005	指标名称	植草沟
项目特征	植草沟 0.3 ~ 0.5m 深，底部种植土换填，铺 10cm 砾石层，砌筑雨水溢流井 10 座，井与小区雨水管道连通		
工程数量	320m	分项指标	82.04 元 /m
工程费用（元）			26 253.72
其中	人工费（元）		4 937.37
	材料费（元）		14 312.44
	机械费（元）		1 434.81
	综合费用（元）		5 569.10
主要工料消耗量及单价			
项目	规格	单位	数量	单价（元）
综合人工	市政	工日	72.61	68.00
水泥	32.5 级	t	0.96	256.41
中砂		t	5.52	33.98
砾石		m³	18.48	75.73
机砖		千块	7.58	290.60
种植土土源费		m³	8.40	30.00
铸铁雨水井箅		套	10.00	458.97
预拌混凝土	C10	m³	2.74	196.58
水泥砂浆	M10	m³	3.56	122.86

12 ××小区海绵城市改造工程（四）

12.1 工程概况及项目特征

序号	项目名称	内容说明
1	工程名称	××小区海绵城市改造工程
2	建设地点	安徽省××市
3	建设类型	建筑小区
4	价格取定日期	2018年7月
5	年径流总量控制率	75%
6	工程费用	1 036.70万元
7	主要建设内容	对小区进行整体海绵化改造，针对小区特点，建设雨水花园、蓄水模块、水泵井、植草沟等，并对小区部分景观进行海绵化改造

12.2 主要工程量及造价指标汇总

序号	工程或费用名称	工程费用（万元）	占造价比例（%）	技术经济指标		
				单位	数量	单位价值（元）
1	雨水花园（防渗）	56.30	5.43	m²	2 540	222
2	雨水花园（不防渗）	20.83	2.01	m²	1 880	111
3	绿化	201.87	19.47	m²	6 200	326
4	透水混凝土路面	198.07	19.11	m²	3 320	597
5	雨落管改造	16.68	1.61	个	834	200
6	盖板沟	64.67	6.24	m	2 947	219
7	蓄水模块	105.00	10.13	m³	300	3 500
8	新建管道	7.75	0.75	m	250	310
9	检查井	7.65	0.74	座	12	6 375
10	雨水花园溢流井	66.46	6.41	座	125	5 317

续表

序号	工程或费用名称	工程费用（万元）	占造价比例（%）	技术经济指标		
				单位	数量	单位价值（元）
11	水泵	27.60	2.66	台	6	46 000
12	水泵井	1.42	0.14	座	2	7 094
13	污水截流井	6.07	0.59	座	38	1 597
14	滞蓄型植草沟	52.35	5.05	m	2 976	176
15	雨水连管	31.56	3.04	m	1 400	225
16	道路修复	76.84	7.41	m²	3 000	256
17	雨水口封堵	9.30	0.90	个	250	372
18	路缘石改造	2.44	0.24	m	1 000	24
19	管道封堵	4.80	0.46	m³	80	600
20	绿化修复	46.46	4.48	m²	5 808	80
21	北侧水景砾石床	13.50	1.30	m³	45	3 000
22	电气工程	18.83	1.82			
23	工器具购置费	0.24	0.02			
小计		1 036.70	100.00			

12.3 主要海绵设施分项指标

指标编号	12-001	指标名称	雨水花园（防渗）
项目特征	1.2mm 防渗土工布，30cm 砂石排水层，透水土工布，5cm 砂石过滤层，30cm 原土层，上部草坪覆盖		
工程数量	2 540m²	分项指标	221.66 元 /m²
工程费用（元）			563 008.86
其中	人工费（元）		86 000.00
	材料费（元）		288 742.29
	机械费（元）		63 100.47
	综合费用（元）		125 166.10

主要工料消耗量及单价				
项目	规格	单位	数量	单价（元）
综合人工	市政	工日	1 264.56	68.00
黄砂		m^3	148.59	44.66
砂石		m^3	838.20	73.79
土工布	$250g/m^2$	m^2	3 048.00	10.00
防渗膜		m^2	3 048.00	25.00
改良种植土土源费		m^3	762.00	80.00
草皮		m^2	2 540.00	12.00
PE 管	$DN150$	m	400.00	51.89

指标编号	12-002		指标名称	雨水花园（不防渗）
项目特征	透水土工布过滤层，30cm 原土层，上部草坪覆盖			
工程数量	1 880m²		分项指标	110.78 元 /m²
工程费用（元）				208 267.01
其中	人工费（元）			24 764.13
	材料费（元）			90 898.00
	机械费（元）			40 365.83
	综合费用（元）			52 239.05
主要工料消耗量及单价				
项目	规格	单位	数量	单价（元）
综合人工	市政	工日	364.07	68.00
土工布	$250g/m^2$	m^2	2 256.00	10.00
改良种植土土源费		m^3	564.00	80.00
草皮		m^2	1 880.00	12.00

指标编号	12-003		指标名称	透水混凝土路面
项目特征	\多colspan 20cm 级配碎石，15cmC30 透水水泥混凝土，5cmC30 彩色透水水泥混凝土。该道路为填方路段，缺土外购			
工程数量	3 320m²		分项指标	596.60 元 /m²
工程费用（元）				1 980 710.00
其中	人工费（元）			130 986.55
	材料费（元）			1 534 960.18
	机械费（元）			40 009.49
	综合费用（元）			274 753.78
主要工料消耗量及单价				
项目	规格	单位	数量	单价（元）
综合人工	市政	工日	1 926.24	68.00
砂石		m³	730.40	73.79
彩色透水预拌混凝土	C30	m³	215.80	1 400.00
透水预拌混凝土	C30	m³	677.28	1 200.00
回填土土源费		m³	1 328.00	30.00

指标编号	12-004		指标名称	雨水花园溢流井
项目特征	钢筋混凝土结构，内径尺寸 φ700mm，高 1m			
工程数量	125 座		分项指标	5 316.94 元 / 座
工程费用（元）				664 617.64
其中	人工费（元）			84 378.07
	材料费（元）			341 970.93
	机械费（元）			25 819.60
	综合费用（元）			212 449.04
主要工料消耗量及单价				
项目	规格	单位	数量	单价（元）
综合人工	市政	工日	2 178.56	68.00
钢筋	φ 10 以内	t	11.48	3 194.01
钢筋	φ 10 以外	t	27.30	3 211.11
水泥	32.5 级	t	7.63	256.41
中砂		t	43.79	33.98
防腐涂料		m²	1 241.25	50.00

主要工料消耗量及单价				
项目	规格	单位	数量	单价（元）
机砖		千块	43.38	290.60
预拌混凝土	C30	m³	288.15	325.53
铸铁井盖井座		套	125.00	273.50
水泥砂浆	M10	m³	28.25	122.86

指标编号	12-005	指标名称	滞蓄型植草沟	
项目特征	底部防渗土工布，30cm 砾石排水层，透水土工布一层，种植土换填 30cm，下凹深度约 0.2m，沟内砌筑溢流井 70 座			
工程数量	2 976m	分项指标	175.91 元 /m	
工程费用（元）			523 512.64	
其中	人工费（元）		97 748.05	
	材料费（元）		227 242.28	
	机械费（元）		69 311.43	
	综合费用（元）		129 210.88	
主要工料消耗量及单价				
项目	规格	单位	数量	单价（元）
综合人工	市政	工日	1 437.48	68.00
水泥	32.5 级	t	5.05	256.41
黄砂		m³	138.49	44.66
砾石		m³	1 271.42	73.79
土工布	250g/m²	m²	2 367.36	10.00
防渗膜		m²	464.40	25.00
机砖		千块	39.80	290.60
种植土土源费		m³	849.47	30.00
铸铁雨水井箅		套	70.00	458.97
预拌混凝土	C10	m³	14.39	196.58
水泥砂浆	M10	m³	18.69	122.86

13 ××小区海绵城市改造工程（五）

13.1 工程概况及项目特征

序号	项目名称	内容说明
1	工程名称	××小区海绵城市改造工程
2	建设地点	安徽省××市
3	建设类型	建筑小区
4	价格取定日期	2018年7月
5	年径流总量控制率	70%
6	工程费用	171.20万元
7	主要建设内容	对小区进行整体海绵化改造，针对小区特点，建设雨水花园、透水路面、植草沟、截流井等，并对排水系统进行改造

13.2 主要工程量及造价指标汇总

序号	工程或费用名称	工程费用（万元）	占造价比例（%）	技术经济指标		
				单位	数量	单位价值（元）
1	雨水花园（防渗）	16.54	9.66	m²	683	242
2	绿化	14.73	8.60	m²	683	216
3	透水混凝土路面	50.21	29.33	m²	824	609
4	盖板沟	7.74	4.52	m	300	258
5	雨水花园溢流井	9.38	5.48	座	17	5 518
6	污水截流井	1.26	0.74	座	4	3 150
7	植草沟	3.72	2.17	m	300	124
8	新建雨水管	4.49	2.62	m	320	140
9	道路修复	36.42	21.27	m²	2 700	135
10	土方	2.71	1.58	m³	560	48
11	景观修复	24.00	14.02	m²	800	300
小计		171.20	100.00			

13.3 主要海绵设施分项指标

指标编号	13-001	指标名称	雨水花园（防渗）
项目特征	1.2mm 防渗土工布，30cm 砂石排水层，透水土工布，5cm 砂石过滤层，30cm 原土层，上部草坪覆盖		
工程数量	683m²	分项指标	242.23 元 /m²
工程费用（元）			165 445.57
其中	人工费（元）		25 811.96
	材料费（元）		80 648.82
	机械费（元）		20 922.46
	综合费用（元）		38 062.33

主要工料消耗量及单价				
项目	规格	单位	数量	单价（元）
综合人工	市政	工日	379.55	68.01
砂石		m³	225.39	73.79
土工布	250g/m²	m²	819.60	10.00
防渗膜		m²	819.60	25.00
改良种植土土源费		m³	204.90	80.00
草皮		m²	683.00	12.00
PE 管	DN150	m	540.00	51.89

指标编号	13-002	指标名称	透水混凝土路面
项目特征	20cm 级配碎石，15cmC30 透水水泥混凝土，5cmC30 彩色透水水泥混凝土。该路段为填方路段，缺土外购		
工程数量	824m²	分项指标	609.31 元 /m²
工程费用（元）			502 072.15
其中	人工费（元）		35 713.92
	材料费（元）		385 192.71
	机械费（元）		10 325.14
	综合费用（元）		70 840.38

续表

主要工料消耗量及单价				
项目	规格	单位	数量	单价（元）
综合人工	市政	工日	525.20	68.00
砂石		m³	181.28	73.79
彩色透水预拌混凝土	C30	m³	53.56	1 400.00
透水预拌混凝土	C30	m³	168.10	1 200.00
回填土土源费		m³	329.60	30.00

指标编号	13-003	指标名称	植草沟	
项目特征	转输型植草沟，植草沟 0.2m 深，底部种植土换填，铺 10cm 砾石层，砌筑雨水溢流井 17 座，并与小区雨水管道连通			
工程数量	300m	分项指标	124.07 元 /m	
工程费用（元）			37 221.79	
其中	人工费（元）		7 005.10	
	材料费（元）		17 146.79	
	机械费（元）		4 326.15	
	综合费用（元）		8 743.75	
主要工料消耗量及单价				
项目	规格	单位	数量	单价（元）
综合人工	市政	工日	103.02	68.00
水泥	32.5 级	t	0.82	282.05
中砂		t	4.69	52.43
砂石		m³	66.00	73.79
机砖		千块	6.44	290.60
种植土土源费		m³	60.00	30.00
铸铁雨水井箅		套	17.00	435.90
预拌混凝土	C10	m³	2.33	196.58
水泥砂浆	M10	m³	3.03	158.38

14 ××小区海绵城市改造工程（六）

14.1 工程概况及项目特征

序号	项目名称	内容说明
1	工程名称	××小区海绵城市改造工程
2	建设地点	安徽省××市
3	建设类型	建筑小区
4	价格取定日期	2018 年 7 月
5	年径流总量控制率	65%
6	工程费用	503.15 万元
7	主要建设内容	对小区进行整体海绵化改造，针对小区特点，建设雨水花园、植草沟、截流井等，并对小区路面停车位进行透水改造

14.2 主要工程量及造价指标汇总

序号	工程或费用名称	工程费用（万元）	占造价比例（%）	技术经济指标		
				单位	数量	单位价值（元）
1	雨水花园（防渗）	16.36	3.25	m²	559	293
2	雨水花园（不防渗）	9.44	1.88	m²	940	100
3	绿化	44.63	8.87	m²	2 339	191
4	土方	3.97	0.79	m³	819	48
5	小品	141.46	28.11			
6	雨落管改造	4.66	0.93	个	233	200
7	盖板沟	36.27	7.21	m	1 815	200
8	雨水花园溢流井	16.38	3.26	座	32	5 119
9	检查井	9.32	1.85	座	15	6 213
10	水泵	4.60	0.91	台	2	23 000
11	污水截流井	3.11	0.62	座	16	1 944
12	线性排水沟	5.96	1.18	m	150	397

续表

序号	工程或费用名称	工程费用（万元）	占造价比例（%）	技术经济指标		
				单位	数量	单位价值（元）
13	植草沟	12.37	2.46	m	970	128
14	雨水口封堵	19.72	3.92	个	530	372
15	DN300 穿孔管	6.02	1.20	m	181	333
16	沥青路面改造	15.45	3.07	m²	1 200	129
17	停车位改造	123.79	24.60	m²	2 401	516
18	绿化修复	9.60	1.91	m²	1 200	80
19	围墙改造	20.00	3.97	m	1 000	200
20	工器具购置费	0.04	0.01			
小计		503.15	100.00			

14.3 主要海绵设施分项指标

指标编号	14-001		指标名称	雨水花园（防渗）	
项目特征	1.2mm 防渗土工布，30cm 砂石排水层，透水土工布，5cm 砂石过滤层，30cm 原土层，上部草坪覆盖				
工程数量	559m²		分项指标	252 元 /m²	
工程费用（元）			140 981.58		
其中	人工费（元）		23 470.57		
	材料费（元）		98 096.57		
	机械费（元）		10 470.87		
	综合费用（元）		8 943.57		
主要工料消耗量及单价					
项目	规格	单位	数量	单价（元）	
综合人工	市政	工日	345.12	68.00	
黄砂		m³	32.70	44.66	
砂石		m³	184.47	73.79	
土工布	250g/m²	m²	670.80	10.00	
防渗膜		m²	670.80	25.00	

续表

<table>
<tr><td colspan="5" align="center">主要工料消耗量及单价</td></tr>
<tr><td>项目</td><td>规格</td><td>单位</td><td>数量</td><td>单价（元）</td></tr>
<tr><td>改良种植土土源费</td><td></td><td>m³</td><td>167.70</td><td>80.00</td></tr>
<tr><td>草皮</td><td></td><td>m²</td><td>559.00</td><td>12.00</td></tr>
<tr><td>PE 管</td><td>DN200</td><td>m</td><td>360.00</td><td>107.03</td></tr>
</table>

<table>
<tr><td>指标编号</td><td>14-002</td><td>指标名称</td><td colspan="2">雨水花园（不防渗）</td></tr>
<tr><td>项目特征</td><td colspan="4">透水土工布过滤层，300mm 原土层，上部草坪覆盖</td></tr>
<tr><td>工程数量</td><td>940m²</td><td>分项指标</td><td colspan="2">100.42 元 /m²</td></tr>
<tr><td colspan="3" align="center">工程费用（元）</td><td colspan="2">94 392.04</td></tr>
<tr><td rowspan="4">其中</td><td colspan="2" align="center">人工费（元）</td><td colspan="2">12 278.52</td></tr>
<tr><td colspan="2" align="center">材料费（元）</td><td colspan="2">45 449.00</td></tr>
<tr><td colspan="2" align="center">机械费（元）</td><td colspan="2">14 429.80</td></tr>
<tr><td colspan="2" align="center">综合费用（元）</td><td colspan="2">22 234.72</td></tr>
<tr><td colspan="5" align="center">主要工料消耗量及单价</td></tr>
<tr><td>项目</td><td>规格</td><td>单位</td><td>数量</td><td>单价（元）</td></tr>
<tr><td>综合人工</td><td>市政</td><td>工日</td><td>180.51</td><td>68.00</td></tr>
<tr><td>土工布</td><td>250g/m²</td><td>m²</td><td>1 128.00</td><td>10.00</td></tr>
<tr><td>改良种植土土源费</td><td></td><td>m³</td><td>282.00</td><td>80.00</td></tr>
<tr><td>草皮</td><td></td><td>m²</td><td>940.00</td><td>12.00</td></tr>
</table>

<table>
<tr><td>指标编号</td><td>14-003</td><td>指标名称</td><td colspan="2">植草沟</td></tr>
<tr><td>项目特征</td><td colspan="4">转输型植草沟，植草沟 0.2m 深，底部种植土换填，铺 10cm 砾石层，砌筑雨水溢流井 40 座，并与小区雨水管道连通</td></tr>
<tr><td>工程数量</td><td>970m</td><td>分项指标</td><td colspan="2">127.50 元 /m</td></tr>
<tr><td colspan="3" align="center">工程费用（元）</td><td colspan="2">123 678.14</td></tr>
<tr><td rowspan="4">其中</td><td colspan="2" align="center">人工费（元）</td><td colspan="2">23 229.00</td></tr>
<tr><td colspan="2" align="center">材料费（元）</td><td colspan="2">52 987.51</td></tr>
<tr><td colspan="2" align="center">机械费（元）</td><td colspan="2">16 666.24</td></tr>
<tr><td colspan="2" align="center">综合费用（元）</td><td colspan="2">30 795.39</td></tr>
</table>

主要工料消耗量及单价				
项目	规格	单位	数量	单价（元）
综合工日		工日	341.60	68.00
水泥	32.5 级	t	1.92	307.69
黄砂		m³	77.69	44.66
砂石		m³	195.14	73.79
砾石		m³	45.65	75.73
机砖		千块	15.16	290.60
种植土土源费		m³	194.00	30.00
铸铁雨水井箅		套	40.00	458.97
预拌混凝土	C10	m³	5.48	196.58
水泥砂浆	M10	m³	7.12	166.80

15 ××小区海绵城市改造工程（七）

15.1 工程概况及项目特征

序号	项目名称	内容说明
1	工程名称	××小区海绵城市改造工程
2	建设地点	安徽省××市
3	建设类型	建筑小区
4	价格取定日期	2018年7月
5	年径流总量控制率	75%
6	工程费用	6 381.51万元
7	主要建设内容	对小区进行整体海绵化改造，针对小区特点，建设下沉式绿地、透水路面、调蓄池等，并对小区排水系统进行改造

15.2 主要工程量及造价指标汇总

序号	工程或费用名称	工程费用（万元）	占造价比例（%）	技术经济指标		
				单位	数量	单位价值（元）
1	××小区	4 358.76	68.30	m²	266 000	164
1.1	下沉式绿地	5.98	0.09	m²	270	222
1.2	下沉式绿地绿化	4.69	0.07	m²	270	174
1.3	公共绿地绿化	37.28	0.58	m²	2 800	133
1.4	植草沟	1.95	0.03	m	100	195
1.5	新建管道	1 146.18	17.96	m	9 418	1 217
1.6	化粪池	4.47	0.07	座	2	22 335
1.7	新建雨落管	12.96	0.20	m	648	200
1.8	新建盖板沟	24.11	0.38	m	894	270
1.9	现状明沟加盖板	28.75	0.45	块	11 500	25
1.10	行泄通道	39.84	0.62	m	340	1 172
1.11	雨落管改造	20.00	0.31			

续表

序号	工程或费用名称	工程费用（万元）	占造价比例（%）	技术经济指标		
				单位	数量	单位价值（元）
1.12	污水支管改造	20.00	0.31			
1.13	雨落管修复	20.00	0.31			
1.14	管道清通	210.80	3.30	m	26 350	80
1.15	排水明沟清通	46.00	0.72	m	5 750	80
1.16	管道拆除	54.88	0.86	m	2 744	200
1.17	检查井拆除	3.40	0.05	座	17	2 000
1.18	透水混凝土路面Ⅰ	767.66	12.03	m²	13 790	557
1.19	道路改造	1 462.81	22.92	m²	95 741	153
1.20	路缘石改造	43.82	0.69	m	19 750	22
1.21	现状井圈加高	20.00	0.31			
1.22	道路修复	60.59	0.95	m²	2 424	250
1.23	绿化修复	144.00	2.26	m²	18 000	80
1.24	电气工程	158.59	2.49			
1.25	末端湿塘改建	20.00	0.31			
2	1# 调蓄池	1 041.49	16.32			
2.1	调蓄池	672.68	10.54	m³	3 875	1 736
2.2	新建管道	20.90	0.33	m	80	2 613
2.3	雨水溢流井 – 调蓄池配套	26.76	0.42	座	1	267 589
2.4	绿化大树移植	7.50	0.12	棵	30	2 500
2.5	绿化修复	3.20	0.05	m²	400	80
2.6	设备	261.15	4.09			
2.7	电气工程	28.70	0.45			
2.8	配套停车位	18.31	0.29	m²	1 003	183
2.9	工器具购置费	2.29	0.04			
3	2# 调蓄池	891.25	13.97			
3.1	调蓄池	497.34	7.79	m³	1 720	2 891

续表

序号	工程或费用名称	工程费用（万元）	占造价比例（%）	技术经济指标		
				单位	数量	单位价值（元）
3.2	新建管道	15.27	0.24	m	70	2 182
3.3	雨水溢流井 – 调蓄池配套	25.93	0.41	座	1	259 306
3.4	池顶绿化	22.94	0.36	m^2	500	459
3.5	透水混凝土路面Ⅱ	37.65	0.59	m^2	500	753
3.6	设备	261.12	4.09			
3.7	电气工程	28.70	0.45			
3.8	工器具购置费	2.29	0.04			
4	施工措施费	90.00	1.41			
4.1	现有管网保护费	90.00	1.41			
小计		6 381.51	100.00			

15.3 主要海绵设施分项指标

指标编号	15-001	指标名称	下沉式绿地	
项目特征	下凹深度约 0.25m，底部防渗土工布一层，30cm 砾石排水层，透水土工布一层，5cm 中砂过滤层，30cm 种植土层，上部草坪覆盖			
工程数量	270m^2	分项指标	221.50 元 /m^2	
工程费用（元）			59 806.25	
其中	人工费（元）		9 202.03	
	材料费（元）		30 939.20	
	机械费（元）		6 476.10	
	综合费用（元）		13 188.92	
主要工料消耗量及单价				
项目	规格	单位	数量	单价（元）
综合人工	市政	工日	127.44	68.00
黄砂		m^3	15.80	67.96
砾石		m^3	89.10	67.96

续表

主要工料消耗量及单价				
项目	规格	单位	数量	单价（元）
土工布	250g/m²	m²	324.00	10.00
防渗膜		m²	324.00	25.00
改良种植土土源费		m³	81.00	80.00
草皮		m²	270.00	12.00
PE 管	DN150	m	50.00	51.89

指标编号	15-002	指标名称	转输型植草沟	
项目特征	底部防渗土工布，30cm 砾石排水层，透水土工布一层，种植土换填 30cm，下凹深度约 0.2m，砖砌溢流井 6 座			
工程数量	100m	分项指标	195.25 元 /m	
工程费用（元）			19 524.57	
其中	人工费（元）		4 699.90	
	材料费（元）		8 399.82	
	机械费（元）		1 583.02	
	综合费用（元）		4 841.83	
主要工料消耗量及单价				
项目	规格	单位	数量	单价（元）
综合人工	市政	工日	69.12	68.00
水泥	32.5 级	t	0.72	282.05
中砂		t	4.14	82.53
砂石		m³	33.00	67.96
种植土土源费		m³	20.00	30.00
机砖		千块	5.69	290.60
铸铁雨水井箅		套	6.00	435.90
预拌混凝土	C10	m³	2.06	196.58
水泥砂浆	M10	m³	2.67	205.03

指标编号	15-003	指标名称	透水混凝土路面Ⅰ
项目特征			20cm级配碎石底基层，15cmC30透水水泥混凝土基层，5cmC30彩色透水水泥混凝土面层，碎石基础内埋设打孔PE渗透管接入雨水口。该道路为填方路段，缺土外购
工程数量	13 790m²	分项指标	556.68元/m²
工程费用（元）			7 676 551.56
其中	人工费（元）		575 707.19
	材料费（元）		5 835 805.43
	机械费（元）		195 487.41
	综合费用（元）		1 069 551.53

主要工料消耗量及单价

项目	规格	单位	数量	单价（元）
综合人工	市政	工日	8 466.18	68.00
砂石		m³	3 033.80	67.96
回填土土源费		m³	6 895.00	30.00
彩色透水预拌混凝土	C30	m³	896.35	1 400.00
孔状PE管	DN80	m	1 430.00	35.00
孔状PE管	DN150	m	1 105.00	51.89
透水预拌混凝土	C30	m³	2 813.16	1 200.00

指标编号	15-004	指标名称	1#调蓄池
项目特征			有效容积3 875m³，钢筋混凝土结构，尺寸 L×B×H=25m×50m×3.1m，底板70cm，外壁60cm，顶板20cm
工程数量	3 875m³	分项指标	1 735.96元/m³
工程费用（元）			6 726 826.01
其中	人工费（元）		635 573.19
	材料费（元）		4 392 469.35
	机械费（元）		358 717.42
	综合费用（元）		1 340 066.05

续表

<table>
<tr><td colspan="5" align="center">主要工料消耗量及单价</td></tr>
<tr><td align="center">项目</td><td align="center">规格</td><td align="center">单位</td><td align="center">数量</td><td align="center">单价（元）</td></tr>
<tr><td align="center">综合人工</td><td align="center">市政</td><td align="center">工日</td><td align="center">11 583.27</td><td align="center">68.00</td></tr>
<tr><td align="center">钢筋</td><td></td><td align="center">t</td><td align="center">363.89</td><td align="center">3 461.54</td></tr>
<tr><td align="center">中粗砂</td><td></td><td align="center">m³</td><td align="center">14.94</td><td align="center">82.53</td></tr>
<tr><td align="center">嵌缝料</td><td></td><td align="center">kg</td><td align="center">117.36</td><td align="center">10.56</td></tr>
<tr><td align="center">电焊条</td><td></td><td align="center">kg</td><td align="center">2 052.96</td><td align="center">4.27</td></tr>
<tr><td align="center">玻璃钢盖板</td><td></td><td align="center">m²</td><td align="center">43.31</td><td align="center">350.00</td></tr>
<tr><td align="center">大型支撑使用费、材料费</td><td></td><td align="center">t·d</td><td align="center">4 527.00</td><td align="center">10.00</td></tr>
<tr><td align="center">SMW 工法桩</td><td align="center">含 H 型钢</td><td align="center">m³</td><td align="center">2 490.00</td><td align="center">750.00</td></tr>
<tr><td align="center">防腐涂料</td><td></td><td align="center">m²</td><td align="center">3 862.16</td><td align="center">35.00</td></tr>
<tr><td align="center">预拌混凝土</td><td align="center">C30</td><td align="center">m³</td><td align="center">3 561.55</td><td align="center">364.38</td></tr>
</table>

<table>
<tr><td align="center">指标编号</td><td align="center">15-005</td><td align="center">指标名称</td><td colspan="2" align="center">2[#] 调蓄池</td></tr>
<tr><td align="center">项目特征</td><td colspan="4">有效容积 1 720m³，钢筋混凝土结构，尺寸 $L \times B \times H$=20m×20m×4.3m，底板 70cm，外壁 70cm，顶板 20cm</td></tr>
<tr><td align="center">工程数量</td><td align="center">1 720m³</td><td align="center">分项指标</td><td colspan="2" align="center">2 891.48 元 /m³</td></tr>
<tr><td colspan="3" align="center">工程费用（元）</td><td colspan="2" align="center">4 973 354.13</td></tr>
<tr><td rowspan="4" align="center">其中</td><td colspan="2" align="center">人工费（元）</td><td colspan="2" align="center">649 613.60</td></tr>
<tr><td colspan="2" align="center">材料费（元）</td><td colspan="2" align="center">2 273 017.73</td></tr>
<tr><td colspan="2" align="center">机械费（元）</td><td colspan="2" align="center">847 421.33</td></tr>
<tr><td colspan="2" align="center">综合费用（元）</td><td colspan="2" align="center">1 203 301.47</td></tr>
<tr><td colspan="5" align="center">主要工料消耗量及单价</td></tr>
<tr><td align="center">项目</td><td align="center">规格</td><td align="center">单位</td><td align="center">数量</td><td align="center">单价（元）</td></tr>
<tr><td align="center">综合人工</td><td align="center">市政</td><td align="center">工日</td><td align="center">11 461.23</td><td align="center">68.00</td></tr>
<tr><td align="center">钢筋</td><td></td><td align="center">t</td><td align="center">215.71</td><td align="center">3 461.54</td></tr>
<tr><td align="center">玻璃钢盖板</td><td></td><td align="center">m²</td><td align="center">47.97</td><td align="center">350.00</td></tr>
<tr><td align="center">不锈钢栏杆</td><td></td><td align="center">m</td><td align="center">59.70</td><td align="center">800.00</td></tr>
<tr><td align="center">防腐涂料</td><td></td><td align="center">m²</td><td align="center">2 599.08</td><td align="center">35.00</td></tr>
</table>

主要工料消耗量及单价				
项目	规格	单位	数量	单价（元）
预拌混凝土	C20	m³	1 724.81	336.22
预拌混凝土	C30	m³	1 418.61	364.38
混凝土	C15	m³	576.31	331.56
混凝土	C15	m³	76.59	331.56

指标编号	15-006	指标名称	透水混凝土路面Ⅱ	
项目特征	20cm级配碎石底基层，15cmC30透水水泥混凝土基层，5cmC30彩色透水水泥混凝土面层，碎石基础内埋设 φ80mm 打孔 PE 渗透管接入雨水口。该道路为填方路段，缺土外购			
工程数量	500m²	分项指标	753.05 元 /m²	
工程费用（元）			376 523.19	
其中	人工费（元）		31 345.77	
	材料费（元）		282 916.83	
	机械费（元）		8 954.95	
	综合费用（元）		53 305.64	
主要工料消耗量及单价				
项目	规格	单位	数量	单价（元）
综合人工	市政	工日	460.97	68.00
砂石		m³	132.00	67.96
彩色透水预拌混凝土	C30	m³	32.5	1 400.00
透水预拌混凝土	C30	m³	122.40	1 200.00
回填土土源费		m³	300.00	30.00
PE 管	DN150	m	400.00	51.89

16 ××小区海绵城市改造工程（八）

16.1 工程概况及项目特征

序号	项目名称	内容说明
1	工程名称	××小区海绵城市改造工程
2	建设地点	安徽省××市
3	建设类型	建筑小区
4	价格取定日期	2018 年 7 月
5	年径流总量控制率	75%
6	工程费用	1 259.02 万元
7	主要建设内容	对小区进行整体海绵化改造，针对小区特点，建设下沉式绿地、植草沟等，并对小区停车位进行透水改造

16.2 主要工程量及造价指标汇总

序号	工程或费用名称	工程费用（万元）	占造价比例（%）	技术经济指标 单位	数量	单位价值（元）
1	下沉式绿地	72.88	5.79	m²	3 045	239
2	下沉式绿地绿化	46.19	3.67	m²	4 375	106
3	植草沟	60.46	4.80	m	3 700	163
4	新建管道	394.62	31.34	m	3 070	1 285
5	新建盖板沟	27.79	2.21	m	1 071	259
6	管道清通	63.10	5.01	m	7 887	80
7	管道拆除	17.20	1.37	m	860	200
8	透水停车位	492.17	39.09	m²	9 020	546
9	透水回车场地	67.06	5.33	m²	1 229	546
10	道路改造	1.53	0.12	m²	100	153
11	路缘石改造	0.15	0.01	m	66	22
12	电气工程	15.89	1.26			
小计		1 259.02	100.00			

16.3 主要海绵设施分项指标

指标编号	16-001	指标名称	下沉式绿地
项目特征	下凹深度约 0.25m，底部防渗土工布一层，30cm 砾石排水层，透水土工布一层，5cm 中砂过滤层，30cm 种植土层，上部草坪覆盖		
工程数量	3 045m²	分项指标	239.33 元 /m²
工程费用（元）			728 756.28
其中	人工费（元）		110 212.01
	材料费（元）		388 061.62
	机械费（元）		73 776.38
	综合费用（元）		156 706.27

主要工料消耗量及单价				
项目	规格	单位	数量	单价（元）
综合人工		工日	1 620.59	68.00
黄砂		m³	178.15	67.96
砂石		m³	1 004.97	67.96
土工布	250g/m²	m²	3 654.43	10.00
防渗膜		m²	3 654.43	25.00
改良种植土土源费		m³	913.61	80.00
草皮		m²	3 045.36	12.00
PE 管	DN150	m	1 300.00	51.89

指标编号	16-002	指标名称	植草沟
项目特征	转输型植草沟，植草沟 0.2m 深，底部种植土换填，铺 10cm 砾石层，砌筑雨水溢流井 108 座，并与小区雨水管道连通		
工程数量	3 700m	分项指标	163.39 元 /m
工程费用（元）			604 561.07
其中	人工费（元）		141 865.65
	材料费（元）		251 855.00
	机械费（元）		58 549.20
	综合费用（元）		152 291.22

主要工料消耗量及单价				
项目	规格	单位	数量	单价（元）
综合人工		工日	2 086.26	68.00
水泥	32.5 级	t	18.98	282.05
中砂		t	108.98	85.44
砂石		m³	1 221.00	67.96
种植土土源费		m³	740.00	30.00
机砖		千块	149.71	290.60
铸铁雨水井箅		套	108.00	435.90
预拌混凝土	C10	m³	54.12	196.58

指标编号	16-003	指标名称	透水停车位	
项目特征	素土夯实，20cm 级配碎石底基层，20cmC30 透水水泥混凝土基层，15cm C30 彩色透水水泥混凝土面层			
工程数量	9 020m²	分项指标	545.64 元 /m²	
工程费用（元）			4 921 655.10	
其中	人工费（元）		364 583.44	
	材料费（元）		3 742 652.37	
	机械费（元）		128 924.66	
	综合费用（元）		685 494.63	
主要工料消耗量及单价				
项目	规格	单位	数量	单价（元）
综合工日		工日	5 361.44	68.00
砂石		m³	1 984.40	67.96
彩色透水预拌混凝土	C30	m³	1 380.06	1 400.00
透水预拌混凝土	C30	m³	1 840.08	1 200.00

指标编号	16-004	指标名称	透水回车场地
项目特征	素土夯实，20cm 级配碎石底基层，20cmC30 透水水泥混凝土基层，15cm C30 彩色透水水泥混凝土面层		
工程数量	1 229m²	分项指标	545.64 元 /m²
工程费用（元）			670 589.15
其中	人工费（元）		49 675.50
	材料费（元）		509 946.76
	机械费（元）		17 566.34
	综合费用（元）		93 400.55
主要工料消耗量及单价			

项目	规格	单位	数量	单价（元）
综合人工		工日	730.51	68.00
砂石		m³	270.38	67.96
彩色透水预拌混凝土	C30	m³	188.04	1 400.00
透水预拌混凝土	C30	m³	250.72	1 200.00

17 ××水系下游段河道公园建设及末端治理工程

17.1 工程概况及项目特征

序号	项目名称	内容说明
1	工程名称	××水系下游段河道公园建设及末端治理工程
2	建设地点	福建省××市
3	建设类型	城市水系
4	价格取定日期	2017年9月
5	工程费用	9 664.23万元
6	主要建设内容	结合公园新建景观工程，相应布置海绵设施，包括调节池、潜流湿地、生物滞留带、雨水花园、生态溢流堰、植草沟等

17.2 主要工程量及造价指标汇总

序号	工程或费用名称	工程费用（万元）	占造价比例（%）	单位	数量	单位价值（元）
1	土方外运（外弃5km）	712.68	7.37	m³	354 000	20
2	绿化种植	1 730.54	17.91	m²	118 061	147
3	景观工程	2 493.56	25.80			
3.1	土方工程	122.33	1.27			
3.1.1	挖土	32.62	0.34	m³	65 000	5
3.1.2	填土	89.71	0.93	m³	65 000	14
3.2	硬质铺装	1 259.55	13.03	m²	24 230	520
3.3	栏杆	193.93	2.01	m	2 354	824
3.4	防腐木坐凳	3.00	0.03	个	50	600
3.5	树池坐凳	6.87	0.07	m	143	480

续表

序号	工程或费用名称	工程费用（万元）	占造价比例（%）	技术经济指标		
				单位	数量	单位价值（元）
3.6	卵石（含抛石护岸及河底处理）	75.70	0.78	m²	7 200	105
3.7	小品及设施	51.48	0.53			
3.8	生态成品公厕	200.00	2.07	座	5	400 000
3.9	景观结构	580.70	6.01			
4	驳岸工程	1 113.69	11.52			
4.1	断面 1	204.15	2.11	m	4 276	477
4.2	断面 2	482.73	5.00	m	967	4 992
4.3	箱涵	53.52	0.55	m	26	20 585
4.4	水质保持	373.29	3.86			
5	海绵设施工程	2 302.54	23.83			
5.1	调节池	1 070.91	11.08	m³	11 979	894
5.2	潜流湿地	989.65	10.24	m²	9 040	1 095
5.3	植草沟	18.46	0.19	m	812	227
5.4	生物滞留带	23.90	0.25	m²	1 052	227
5.5	雨水花园	94.78	0.98	m²	3 302	287
5.6	生态溢流堰	102.57	1.06	m²	1 445	710
5.7	溢流堰	2.27	0.02	m²	20	1 135
6	景观照明	545.05	5.64	m²	147 779	37
7	景观给排水	246.17	2.55	m²	147 779	17
8	施工临时水电接入	120.00	1.24			
9	管线迁改	200.00	2.07			
10	外水外电接入	200.00	2.07			
小计		9 664.23	100.00			

17.3 主要海绵设施分项指标

指标编号	17-001		指标名称	植草沟	
项目特征	10cm 砾石层，50cm 粗砂滤层，8cm 卵石层				
工程数量	812m		分项指标	227.17 元 /m	
工程费用（元）				184 459.71	
其中	人工费（元）			55 944.77	
	材料费（元）			76 982.47	
	机械费（元）			716.18	
	综合费用（元）			50 816.29	
主要工料消耗量及单价					
项目	规格	单位	数量	单价（元）	
综合人工		项	1	55 944.77	
碎石	$\phi 5 \sim 40mm$	m³	90.13	114.56	
卵石		t	32.97	196.12	
黄砂		m³	369.46	138.00	
天然中砂		m³	64.96	133.98	

指标编号	17-002		指标名称	生物滞留带	
项目特征	10cm 砾石层，50cm 粗砂滤层，8cm 卵石层				
工程数量	1 052m²		分项指标	227.17 元 /m²	
工程费用（元）				238 979.81	
其中	人工费（元）			72 480.17	
	材料费（元）			99 735.91	
	机械费（元）			927.86	
	综合费用（元）			65 835.87	
主要工料消耗量及单价					
项目	规格	单位	数量	单价（元）	
综合人工		项	1	72 480.17	
碎石	$\phi 5 \sim 40mm$	m³	116.77	114.56	
卵石		t	42.71	196.12	
黄砂		m³	478.66	138.00	
天然中砂		m³	84.16	133.98	

指标编号	17-003	指标名称	雨水花园
项目特征	30cm 砾石层，50cm 粗砂滤层，8cm 卵石层		
工程数量	3 302m²	分项指标	287.02 元 /m²
工程费用（元）			947 735.85

其中	人工费（元）	265 538.59
	材料费（元）	422 979.60
	机械费（元）	3 189.73
	综合费用（元）	256 027.93

主要工料消耗量及单价

项目	规格	单位	数量	单价（元）
综合人工		项	1	265 538.59
碎石	$\phi 5 \sim 40\text{mm}$	m³	1 099.57	114.56
卵石		t	134.06	196.12
黄砂		m³	1 502.41	138.00
天然中砂		m³	455.68	133.98

指标编号	17-004	指标名称	生态溢流堰
项目特征	40cm 溢流堰，10cm 垫层，上部砌筑毛石		
工程数量	1 445m²	分项指标	709.83 元 /m²
工程费用（元）			1 025 708.46

其中	人工费（元）	184 753.87
	材料费（元）	580 055.85
	机械费（元）	3 039.32
	综合费用（元）	257 859.42

主要工料消耗量及单价

项目	规格	单位	数量	单价（元）
综合人工		项	1	184 753.87
中（粗）砂		m³	200.80	119.42
水泥	42.5 级	t	51.77	350.00

续表

主要工料消耗量及单价				
项目	规格	单位	数量	单价（元）
土工布	300g/m^2	m^2	74.95	6.41
乱毛石		m^3	683.22	92.23
预拌混凝土	C20	m^3	162.40	287.59
预拌混凝土	C30	m^3	594.79	389.00
砌筑（水泥42.5级）水泥砂浆	M10	m^3	196.86	214.26

18 ××市中心城区海绵城市试点 PPP 项目

18.1 工程概况及项目特征

序号	项目名称	内容说明
1	工程名称	××市中心城区海绵城市试点 PPP 项目
2	建设地点	广东省 ××市
3	建设类型	道路工程、排水工程、低影响开发、景观工程等
4	价格取定日期	2018 年 9 月
5	工程费用	16 225.66 万元
6	主要建设内容	本项目建设内容包括区域防洪排涝工程、源头消减工程（含公共建筑与住宅小区、道路、公园）、过程控制工程以及系统治理工程，以进一步缓解城市内涝难题、消减城市径流污染负荷，改善城市生态环境，提升区域水生态、水安全

18.2 主要工程量及造价指标汇总

序号	工程或费用名称	工程费用（万元）	占造价比例（%）	技术经济指标		
				单位	数量	单位价值（元）
1	××小学海绵改造工程	1 670.26	10.29			
1.1	低影响开发	230.36	1.42	m^2	4 481	514
1.2	排水工程	420.68	2.59	m	1 673	2 515
1.3	道路工程	603.09	3.72	m^2	12 319	490
1.4	园建工程	98.90	0.61	项	1	988 955
1.5	照明工程	73.28	0.45	套	62	11 819
1.6	绿化工程	243.96	1.50	m^2	20 747	118
2	××新村海绵改造工程	275.09	1.70			
2.1	排水工程	134.59	0.83	m	974	1 382
2.2	道路工程	119.95	0.74	m^2	3 384	354
2.3	景观工程	20.55	0.13	m^2	427	481

续表

序号	工程或费用名称	工程费用（万元）	占造价比例（%）	技术经济指标		
				单位	数量	单位价值（元）
3	××小区海绵改造工程	554.21	3.42			
3.1	排水工程	301.29	1.86	m	1 785	1 688
3.2	道路工程	222.69	1.37	m²	4 940	451
3.3	景观工程	30.23	0.19	m²	1 415	214
4	××中学海绵改造工程	801.55	4.94			
4.1	低影响开发	13.32	0.08	m²	520	256
4.2	排水工程	319.30	1.97	m	1 218	2 621
4.3	道路工程	455.33	2.81	m²	11 721	388
4.4	景观工程	13.60	0.08	m²	1 064	128
5	××医院海绵改造工程	1 118.97	6.90			
5.1	低影响开发	59.47	0.37	m²	1 258	473
5.2	排水工程	640.15	3.95	m	1 867	3 429
5.3	道路工程	354.39	2.18	m²	6 836	518
5.4	景观工程	64.96	0.40	m²	1 850	351
6	××中学海绵改造工程	5 169.87	31.86			
6.1	低影响开发	288.98	1.78	m²	6 720	430
6.2	排水工程	2 950.11	18.18	m	9 088	3 246
6.3	道路工程	1 762.91	10.86	m²	39 196	450
6.4	景观工程	167.86	1.03	m²	7 199	233
7	××学院海绵改造工程	6 635.71	40.90			
7.1	低影响开发	332.97	2.05	m²	11 063	301
7.2	排水工程	3 182.38	19.61	m	10 963	2 903
7.3	道路工程	2 866.76	17.67	m²	65 639	437
7.4	景观工程	234.44	1.44	m²	13 986	168
7.5	电气工程	19.16	0.12	m	1 100	174
小计		16 225.66	100.00			

18.3　主要海绵设施分项指标

指标编号	18-001	指标名称	雨水花园
项目特征	10cm 树皮覆盖层，60cm 种植土换填，10cm 砂垫层，30cm 砾石砂层，砾石砂层内部铺设 PVC 透水软管，底部铺设防渗土工布一层		
工程数量	1 929m²	分项指标	307.03 元 /m²
工程费用（元）			592 251.21
其中	人工费（元）		119 715.50
	材料费（元）		150 930.32
	机械费（元）		103 735.68
	综合费用（元）		217 869.71
主要工料消耗量及单价				

项目	规格	单位	数量	单价（元）
综合工日		工日	1 068.89	112.00
中粗砂		m³	236.21	241.00
砾石		m³	708.62	70.00
种植土		m³	1 446.75	36.00
复合土工膜	防渗	m²	2 272.86	8.58
PVC 透水软管	d150	m	643.30	12.50
树皮		m³	192.98	350.00

指标编号	18-002	指标名称	滞蓄型植草沟
项目特征	5cm 树皮覆盖层，30cm 种植土换填，10cm 砂垫层，25cm 砾石砂层，砾石砂层内部铺设 PVC 透水软，底部铺设防渗土工布一层		
工程数量	2 552m²	分项指标	239.16 元 /m²
工程费用（元）			610 330.38
其中	人工费（元）		134 348.45
	材料费（元）		159 802.36
	机械费（元）		84 271.82
	综合费用（元）		231 907.75

续表

主要工料消耗量及单价				
项目	规格	单位	数量	单价（元）
综合工日		工日	1 329.19	112.00
中粗砂		m³	312.38	241.00
砾石		m³	780.94	70.00
种植土		m³	957.00	36.00
复合土工膜	防渗	m²	5 337.06	8.58
透水软管	φ10	m	1 701.00	8.00
树皮		m³	127.61	350.00

指标编号	18-003	指标名称		旱溪
项目特征	宽度约3m，深度约为0.3～0.5m，铺设土工布防渗，局部铺设毛石，50cm砂砾石层			
工程数量	799m²	分项指标		208.73元/m²
工程费用（元）				166 773.57
其中	人工费（元）			10 937.10
	材料费（元）			117 961.52
	机械费（元）			2 980.91
	综合费用（元）			34 894.04
主要工料消耗量及单价				
项目	规格	单位	数量	单价（元）
综合工日		工日	104.37	112.00
中砂		m³	336.18	241.00
粗砂	40～50mm	m³	93.24	241.00
150mm灰色砾石	25～30mm	m³	35.36	290.56
毛石	综合	m³	8.88	73.00
复合土工膜	防渗	m²	877.62	8.58

指标编号	18-004	指标名称	透水砖路面
项目特征	底部防渗复合土工膜一层，针刺无纺土工布一层，20cm 级配碎石底基层，内部铺设 d150PVC 透水软管，10cmC30 透水水泥混凝土基层，10cm 中粗砂结合层，6cm 透水砖面层		

工程数量	11 905m²	分项指标	533.37 元 /m²

工程费用（元）		6 349 807.35

	人工费（元）	756 688.82
	材料费（元）	1 383 906.13
其中	机械费（元）	233 484.62
	综合费用（元）	3 975 727.78

主要工料消耗量及单价

项目	规格	单位	数量	单价（元）
综合工日		工日	7 260.78	112.00
复合普通硅酸盐水泥	42.5 级	t	107.15	497.00
细砂		m³	47.62	231.00
中砂		m³	948.84	241.00
级配碎石		m³	3 157.26	146.20
复合土工膜	防渗	m²	17 515.52	8.58
PVC 透水软管	d150	m	7 334.80	12.50
针刺无纺土工布		m²	2 996.69	18.00
透水砖	6cm	m²	12 143.32	53.73
透水预拌混凝土	C30	m³	1 214.33	701.52

附录 分项指标索引

序号	指标编号	指标名称	页码
1	1-001	生物滞留设施（雨水花园）	P2
2	1-002	透水地坪（混凝土地坪）	P3
3	1-003	陶瓷透水砖（人行道）	P4
4	1-004	陶瓷透水砖（车行道）	P5
5	1-005	调蓄净化设施——雨水缓释器	P5
6	2-001	透水人行道	P8
7	2-002	透水自行车道	P9
8	2-003	透水小广场	P10
9	2-004	石笼种植池	P11
10	2-005	水生植物溢流池	P11
11	3-001	潜流人工湿地	P15
12	3-002	调蓄池（不含调蓄模块）	P16
13	3-003	1#截流井主体工程	P17
14	3-004	人工湿地排管	P18
15	4-001	生物滞留带	P21
16	4-002	透水铺装	P22
17	4-003	调蓄净化模块	P23
18	4-004	雨水花园	P23
19	4-005	旱溪工程	P24
20	5-001	排管工程	P27
21	6-001	潜流人工湿地	P30
22	6-002	表流人工湿地	P31
23	6-003	湿塘	P32
24	6-004	1#末端调蓄设施	P33
25	7-001	北部表流湿地	P35
26	7-002	砾石床	P36

序号	指标编号	指标名称	页码
27	7–003	北部湿塘	P37
28	7–004	北部潜流湿地	P38
29	8–001	调节塘	P40
30	8–002	潜流人工湿地	P41
31	9–001	雨水花园（防渗）	P44
32	9–002	雨水花园（不防渗）	P45
33	9–003	透水混凝土路面	P45
34	9–004	雨水花园溢流井	P46
35	9–005	植草沟	P46
36	10–001	雨水花园（防渗）	P49
37	10–002	雨水花园（不防渗）	P50
38	10–003	透水混凝土路面	P51
39	10–004	雨水花园溢流井	P51
40	10–005	污水截流井	P52
41	10–006	植草沟	P52
42	11–001	雨水花园（防渗）	P55
43	11–002	雨水花园（不防渗）	P56
44	11–003	雨水花园溢流井	P56
45	11–004	水泵井	P57
46	11–005	植草沟	P58
47	12–001	雨水花园（防渗）	P60
48	12–002	雨水花园（不防渗）	P61
49	12–003	透水混凝土路面	P62
50	12–004	雨水花园溢流井	P62
51	12–005	滞蓄型植草沟	P63
52	13–001	雨水花园（防渗）	P65
53	13–002	透水混凝土路面	P65
54	13–003	植草沟	P66

续表

序号	指标编号	指标名称	页码
55	14-001	雨水花园（防渗）	P68
56	14-002	雨水花园（不防渗）	P69
57	14-003	植草沟	P69
58	15-001	下沉式绿地	P73
59	15-002	转输型植草沟	P74
60	15-003	透水混凝土路面Ⅰ	P75
61	15-004	1$^{\#}$调蓄池	P75
62	15-005	2$^{\#}$调蓄池	P76
63	15-006	透水混凝土路面Ⅱ	P77
64	16-001	下沉式绿地	P79
65	16-002	植草沟	P79
66	16-003	透水停车位	P80
67	16-004	透水回车场地	P81
68	17-001	植草沟	P84
69	17-002	生物滞留带	P84
70	17-003	雨水花园	P85
71	17-004	生态溢流堰	P85
72	18-001	雨水花园	P89
73	18-002	滞蓄型植草沟	P89
74	18-003	旱溪	P90
75	18-004	透水砖路面	P91

城市公共设施造价指标案例
——海绵城市建设工程

编制人员： 胡晓丽　郑永鹏　王　梅　陆勇雄　袁金金
　　　　　 毕佩蕾　王海杨　尹冠霖　赵　彬　王　敏
　　　　　 王豫婉　徐梦熊　王书鹏
审查人员： 安晓晶　焦新武　张　曦　张　俊　梁　勇
　　　　　 崔　凯